产业文化与职业素养丛书

# 眼镜文化

总主编　孙志春
主　编　闫　伟
副主编　刘亚丽
编　者　（以姓氏笔画为序）
　　　　孙　敏（济宁职业技术学院）
　　　　刘亚丽（豪雅（上海）光学有限公司）
　　　　刘　灿（豪雅（上海）光学有限公司）
　　　　闫　伟（济宁职业技术学院）
　　　　李国强（济宁眼镜职业培训中心）
　　　　胡立新（济宁职业技术学院）
　　　　谭书贞（济宁职业技术学院）
　　　　颜世超（济宁职业技术学院）

北京理工大学出版社
BEIJING INSTITUTE OF TECHNOLOGY PRESS

## 内容简介

本教材充分考虑了学生未来就业岗位和职业发展的需要，根据眼镜验光员、眼镜定配工国家职业资格标准对职业素质的要求，通过深入挖掘眼镜行业发展历程的经典案例和闪光点，将眼镜行业优秀的传统文化、企业文化和现代眼镜美学有机地融合在一起，构建教材体系，设计教材体例，内容通俗易懂，力求更好地为培养高素质技术技能型人才服务。

本教材整体采用篇章形式进行编写，篇章内容以验光配镜实际工作中所需的职业素质来设计，根据职业院校学生的特点，教材中包含了大量的实际案例，图文并茂，彩色印刷，便于教师教学、学生学习。

本教材既可供高职院校作为教材使用，也可供从事相关工作的人员培训、自学使用。

**版权专有　侵权必究**

### 图书在版编目（CIP）数据

眼镜文化/闫伟主编 .—北京：北京理工大学出版社，2018.8（2022.7重印）
ISBN 978 - 7 - 5682 - 4695 - 8

Ⅰ.①眼… Ⅱ.①闫… Ⅲ.①眼镜 - 文化 - 高等职业教育 - 教材 Ⅳ.①TS959.6

中国版本图书馆 CIP 数据核字（2018）第 196293 号

| | |
|---|---|
| 出版发行 / | 北京理工大学出版社有限责任公司 |
| 社　　址 / | 北京市海淀区中关村南大街 5 号 |
| 邮　　编 / | 100081 |
| 电　　话 / | （010）68914775（总编室） |
| | （010）82562903（教材售后服务热线） |
| | （010）68948351（其他图书服务热线） |
| 网　　址 / | http://www.bitpress.com.cn |
| 经　　销 / | 全国各地新华书店 |
| 印　　刷 / | 廊坊市印艺阁数字科技有限公司 |
| 开　　本 / | 787 毫米×1092 毫米　1/16 |
| 印　　张 / | 9.25 |
| 字　　数 / | 217 千字 |
| 版　　次 / | 2018 年 8 月第 1 版　2022 年 7 月第 3 次印刷 |
| 定　　价 / | 35.00 元 |

责任编辑 / 梁铜华
文案编辑 / 曾　仙
责任校对 / 周瑞红
责任印制 / 李　洋

图书出现印装质量问题，请拨打售后服务热线，本社负责调换

# 前 言

眼镜是矫正眼睛屈光不正、保护眼睛健康和提高视功能的一种特殊光学器具。随着经济和社会的发展，人们对眼镜的科技含量、新材料的应用、款式设计、品牌等要求越来越高，眼镜的功能也在不断拓展，以保健、美容、时尚为配镜目的的人群正在不断增加，眼镜与人类的生活也联系得越来越密切。

高等教育应主动适应眼镜行业经济发展方式转变的要求，为眼镜行业的健康发展提供优质的人力资源支撑。高等教育眼视光技术专业培养的学生走向工作岗位后，服务的对象是人，眼镜配得理想与否直接影响戴镜者的劳动、学习和生活。因此，学生在走向工作岗位之前，就一定要牢固树立以人为本的理念，刻苦学习，勤奋钻研，不断提高自身的业务水平，为广大配镜者提供更好的、更优质的技术服务。另外，学生一定要把眼镜、眼睛和人看作一个整体来进行学习。眼镜既是一种光学器具又是一种"特殊的医疗器具"，在为配镜者服务时，除了强化健康意识以外，还要考虑人们的用眼习惯、工作生活的环境以及人们对时尚、美学的要求等因素。

"眼镜文化"是高等教育眼视光技术专业素质拓展课程。该课程一方面培养学生对专业的认同感和归属感，为以后更好地学习专业课打下坚实的基础；另一方面，培养学生追求高雅的职业气质，将"我们一直在努力"的职业追求内化于心、外化于行。从而达到以德树人、以文化人的育人目标。

本教材以眼镜为载体，通过深入挖掘眼镜行业发展历程的经典案例和闪光点，并根据眼镜验光员、眼镜定配工国家职业资格标准对职业素质的要求，将眼镜行业优秀的传统文化和企业文化有机地融合在了一起，力求帮助学生知道眼镜对人们产生的诱惑力不仅在其使用功能，还有其独特的艺术品位；眼镜对人类的影响不局限于实用意义，同时还有文化意义。

本教材共分为五篇：第一篇介绍了眼镜的历程，由闫伟、刘灿、李国强编写；第二篇介绍了我国眼镜各业态经营状况，由刘亚丽、颜世超编写；第三篇介绍了眼镜与名人，由孙敏、刘灿编写；第四篇介绍了眼镜与美，由谭书贞、刘亚丽编写；第五篇介绍了眼镜从业者的职业素养，由胡立新、刘亚丽编写。

本教材在编写过程中，得到了豪雅（上海）光学有限公司和济宁眼镜职业培训中心给予的大力支持，在此谨致以诚挚的感谢。应当指出，尽管全体编委尽了最大的努力，但由于时间紧迫，加之水平有限，难免有疏漏不妥之处，恳请使用和关心本教材的专家和读者多提宝贵意见，以便再版时修订完善。

闫 伟

2018 年 4 月

# 目 录

## 第一篇
### 眼镜的历程 ………………………………………………………………… 1

#### 第一章　眼镜的起源 ……………………………………………………… 3
　　第一节　中国眼镜的起源 …………………………………………………… 3
　　第二节　西方眼镜的起源 …………………………………………………… 4
　　第三节　眼镜的使用 ………………………………………………………… 5

#### 第二章　眼镜行业的形成和发展 ………………………………………… 8
　　第一节　眼镜行业的形成 …………………………………………………… 8
　　第二节　眼镜行业的崛起 …………………………………………………… 8
　　第三节　眼镜行业的变迁和飞跃 ………………………………………… 10

#### 第三章　现代眼镜的发展 ……………………………………………… 12
　　第一节　镜片的发展 ……………………………………………………… 12
　　　　一、镜片材料的发展 …………………………………………………… 12
　　　　二、镜片设计的发展 …………………………………………………… 14
　　　　三、镜片膜层的发展 …………………………………………………… 17
　　　　四、镜片功能的发展 …………………………………………………… 21
　　第二节　镜架的发展 ……………………………………………………… 26
　　　　一、镜架材料的发展 …………………………………………………… 26
　　　　二、镜架的结构与类型 ………………………………………………… 28
　　第三节　接触镜的发展 …………………………………………………… 31
　　　　一、萌芽期 ……………………………………………………………… 31
　　　　二、发展期 ……………………………………………………………… 32
　　　　三、我国接触镜的发展 ………………………………………………… 33
　　　　四、接触镜的发展趋势和展望 ………………………………………… 34
　　第四节　装饰眼镜和其他特殊眼镜的发展 ……………………………… 34
　　　　一、装饰眼镜 …………………………………………………………… 34
　　　　二、保护眼镜 …………………………………………………………… 34
　　　　三、治疗眼镜 …………………………………………………………… 35
　　　　四、特殊眼镜 …………………………………………………………… 35

# 第二篇

## 我国眼镜各业态经营状况 ……………………………………………………… 37

### 第一章　眼镜行业的发展与未来 ……………………………………………… 39
　　第一节　用"生命周期论"把握时代 …………………………………… 39
　　第二节　我国眼镜行业的未来市场走向 ………………………………… 40

### 第二章　起始期各业态经营模式 ……………………………………………… 43
　　第一节　逐渐活跃的眼镜零售 …………………………………………… 43
　　第二节　供不应求的眼镜批发 …………………………………………… 44
　　第三节　作坊式的眼镜生产 ……………………………………………… 45

### 第三章　成长期各业态经营状况 ……………………………………………… 47
　　第一节　高速成长的眼镜零售 …………………………………………… 47
　　第二节　走出去的眼镜经销与代理 ……………………………………… 50
　　第三节　走进来的眼镜生产 ……………………………………………… 51

### 第四章　成熟前期各业态经营状况 …………………………………………… 55
　　第一节　竞争逐渐激烈的眼镜零售 ……………………………………… 55
　　第二节　蓬勃发展的眼镜经销与代理 …………………………………… 57
　　第三节　创新设计下的眼镜生产 ………………………………………… 58

### 第五章　成熟期各业态经营状况 ……………………………………………… 62
　　第一节　百花齐放的眼镜零售模式 ……………………………………… 62
　　第二节　夹缝中的眼镜经销与代理 ……………………………………… 67
　　第三节　数字化技术推动下的眼镜生产 ………………………………… 68

# 第三篇

## 眼镜与名人 ……………………………………………………………………… 75

### 第一章　框架眼镜与历史名人 ………………………………………………… 77
### 第二章　接触镜与历史名人 …………………………………………………… 83

# 第四篇

## 眼镜与美 ………………………………………………………………………… 87

### 第一章　眼镜的美 ……………………………………………………………… 89
　　第一节　眼镜的造型美 …………………………………………………… 89
　　　　一、眼镜造型的基本因素 …………………………………………… 90
　　　　二、造型美的基本规律 ……………………………………………… 91
　　第二节　眼镜的色彩美 …………………………………………………… 93
　　　　一、眼镜色彩的对比和空间感 ……………………………………… 93
　　　　二、眼镜的色彩美 …………………………………………………… 95

### 第三节　眼镜的材质美 ········································································· 97
一、镜片的种类 ·············································································· 97
二、天然材质镜架 ·········································································· 99
三、金属材质镜架 ········································································ 100
四、板材镜架 ·············································································· 104
五、接触镜 ················································································· 105

## 第二章　眼镜选择的审美 ····································································· 106
### 第一节　根据脸型选择眼镜 ································································ 106
一、脸型的正面特征 ···································································· 106
二、根据脸型的选镜原则 ······························································ 107
### 第二节　根据五官选择眼镜 ································································ 108
一、眉毛与眼镜 ··········································································· 109
二、眼间距与眼镜 ········································································ 109
三、鼻形与选镜 ··········································································· 110
### 第三节　根据颜色选择眼镜 ································································ 111
一、关于颜色的基础知识 ······························································ 111
二、颜色的特征与效果 ································································· 112
三、色彩搭配原理 ········································································ 113
四、根据肤色与妆容选择眼镜 ························································ 114
五、根据服装的颜色选择眼镜 ························································ 116
### 第四节　根据饰品选择眼镜 ································································ 117
### 第五节　根据场合选择眼镜 ································································ 118
### 第六节　根据年龄选择眼镜 ································································ 120

# 第五篇
## 眼镜从业者的职业素养 ········································································ 123

## 第一章　眼镜从业者的职业道德 ···························································· 125
### 第一节　眼镜从业者职业道德建设的意义 ············································· 125
一、眼镜行业的职业道德 ······························································ 125
二、眼镜从业者加强职业道德修养的必要性 ······································ 126
### 第二节　眼镜从业者加强职业道德修养的途径 ······································ 128
一、提高认识，增强职业道德修养的自觉性 ····································· 128
二、加强职业道德情感、意志和行为的培养，形成良好的职业道德习惯 ········· 129
三、从自身做起，树立眼镜从业者的良好职业形象 ···························· 129

## 第二章　眼镜从业者的职业素养 ···························································· 131
### 第一节　职业素养的内涵 ··································································· 131
一、什么是职业素养 ···································································· 131
二、眼镜从业者职业素养的构成 ····················································· 131
### 第二节　眼镜从业者职业素养的培养与自我培养 ··································· 132

一、眼镜从业者提升职业素养的必要性 …………………………………… 132
　　二、社会资源与眼镜从业者职业素养的培养 ……………………………… 133
　　三、眼镜企业对眼镜从业者的职业素养培养 ……………………………… 133
　　四、眼镜从业者的自我培养 ………………………………………………… 133
**第三节　眼镜从业者的工匠精神**　　　　　　　　　　　　　　　　　**134**
　　一、工匠精神的内涵 ………………………………………………………… 134
　　二、眼镜从业者应该具备的工匠精神 ……………………………………… 135
**第四节　优秀眼镜从业者必备的职业素养与具体体现**　　　　　　　　**136**
　　一、优秀眼镜从业者必备的职业素养 ……………………………………… 136
　　二、眼镜从业者职业修养体现的具体细节 ………………………………… 137

**参考文献** ………………………………………………………………… 139

# 第一篇
# 眼镜的历程

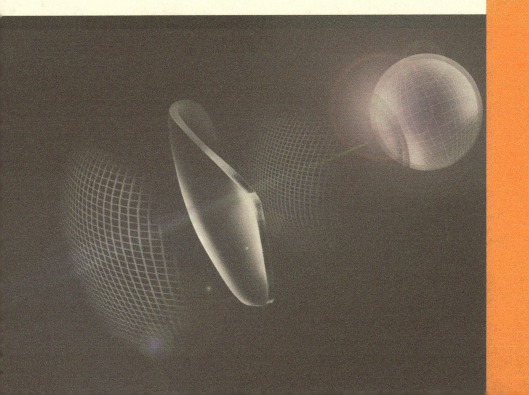

第一篇

那時的我

# 第一章 眼镜的起源

眼镜是矫正眼睛屈光不正、保护眼睛健康和提高视功能的一种特殊光学器具。随着社会和经济的发展，眼镜的功能不断得到拓展，以保健、时尚为配镜目的的人群不断增加。眼镜与人们的生活联系得越来越密切，它逐渐成了人们生活中的必需品。

## 第一节 中国眼镜的起源

在甲骨文中，🝲（鉴，即镜）由 🝳（皿，即水盆）和 🝴（见，即看到）组成，它象征着人站在水盆前，以水为镜看自己。史书上记载，唐太宗李世民"以铜为镜，可正衣冠；以史为镜，可知兴衰"。

我国最早的眼镜源于"放大镜"，即光学透镜中的凸透镜。眼镜的制作、应用与光学透镜的出现密切相关。相传，人们在日常生活中偶然发现了凸透镜能使物像放大。当时，有人看到一个松香球内包裹了一只蚊子，令人意外的是，这只蚊子的体型看起来特别大。打开以后发现，蚊子并没有被松香包裹时看起来的那般大。由此，人们发现了松香球具有放大作用（图1-1-1）。这一发现启发了人们对光的折射现象的认识。后来，人们将天然水晶琢磨成凸透镜，用来放大微小物体，以突破人们在视力上的局限。据《古老宝石——水晶》所述，远在公元前二千多年就有了水晶镜片。这是我国眼镜的雏形时期。

图 1-1-1 松香球中的昆虫

据初步考证，我国有关透镜和眼镜的历史记载，最早出现在春秋战国时期大思想家墨子（公元前460—前376年）所著的《墨经》中，该书第15卷记载了许多关于光以及平面镜、凸面镜和凹面镜的论述。春秋末年，齐国的工业技术官书《考工论》中就有利用凹球面镜取火的记载。此外，晋朝张华著的《博物志》中有"削冰命圆，举以向日，以艾承其影则得火"（图1-1-2）的记载，这就是所谓的冰透镜。

图1-1-2　利用冰透镜取火

由此可见，我国古人在公元三四世纪就已经利用凸透镜的聚焦特性来取火了。东汉初年，张衡（79—139年）发现了月亮的盈亏及月食、日食的初步成因，也借助了透镜的功能。在南宋赵希鹄撰写的《洞天清录》中，就有了"叆叇（àidài，形容浓云蔽日），老人不辨细节，以此掩目则明"的记载。

明朝的文学家田艺蘅在《留青日札》卷二《叆叇》中写道："每看文章，目力昏倦，不辨细节，以此掩目，精神不散，笔画信明。中用绫绢联之，缚于脑后，人皆不识，举以问余。余曰：此叆叇也。"这里的"叆叇"就是眼镜的最初名称。

## 第二节　西方眼镜的起源

在西方，眼镜的发明普遍被认为在1268—1289年。1274年，意大利人马可·波罗（Marco Polo，1254—1324年）到了北京，他见到元朝宫廷里有人戴眼镜，就对此很感兴趣。后来，他就把眼镜的制作、使用方法带到了西方，所以西方最早制作眼镜的地方，正是马可·波罗的故乡——威尼斯。当时的主要戴镜者是僧侣和学者。

在威尼斯北部的圣尼可拉教堂有一幅壁画，那是托马索·达·莫代纳（Tommaso da Modena）于1352年描绘的老年人戴眼镜阅读小字的情景（图1-1-3），这是目前已知的出现在艺术作品中的最早的眼镜。这幅壁画表明，13世纪末，欧洲已经开始制作眼镜了。

由于当时的眼镜还无法做到像现在的眼镜这么精准，所以人们只能将眼镜架在鼻梁上手动调节距离。那时的眼镜镜片是双凸玻璃的，用于矫正老视。

眼镜真正得到普及是在15世纪中期。约1445年，约翰内斯·谷登堡发明了铅活字印刷，促使大量书籍上市。随后，人们对眼镜的需求呈飞速增长之势。17世纪初，荷兰米德尔堡的眼镜师汉斯·李波尔制作了世界上第一架望远镜。这是人们首次利用镜片使人眼在正常状态下看到原本无法看见的物体。

现代意义上的眼镜镜架（简称：镜架）出现在1623年的西班牙。近代的眼镜镜片（简称镜片）是由于1801年英国人托马斯·杨发现自己的眼睛有散光而发明的。

图1-1-3　老年人戴眼镜阅读小字

## 第三节　眼镜的使用

研究表明，我国古代的眼镜是一个椭圆形的透镜，是用岩石晶体、玫瑰色石英、黄色的玉石紫晶等制成的。因为用于制作眼镜框的玳瑁被认为是一种神圣的动物，且用于制作镜片的透明材料选自各种名贵的宝石，所以，那时候人们戴眼镜常常是为了显示尊贵，期待走好运，而忽视了眼镜的实用性。图1-1-4所示为清朝的水晶合金眼镜，图1-1-5所示为清朝的黄花梨眼镜盒。

图1-1-4　水晶合金眼镜

图1-1-5　黄花梨眼镜盒

早在13世纪，我国古人就已经懂得将水晶做成眼镜，以缓解视力不足的困扰，但当时戴眼镜的人并不多。明朝宣德年间（1416—1435年），开始有了单片镜（近似现在的放大镜），如图1-1-6所示。限于当时的加工技术，单片镜只有老视镜，并限于宫廷流传，皇帝常将其作为御品赐给上了年纪的大臣，以帮助他们矫正视力老视。此后，眼镜逐渐进入人们的生活。为了便于使用，有的人将镜片缝在帽子上，有的人将镜片装在铁圈里。

图 1-1-6 单片镜

直到 16 世纪,架在鼻梁上的双片镜(图 1-1-7)才出现。使用双片镜时,先在镜架的两端系上线,然后将线挂在耳朵上,如图 1-1-7 所示。随着生产工艺的不断改进,镜架逐渐由繁到简、由粗糙到精巧。镜框的生产材料也越来越丰富,除了玳瑁以外,还有纸圈、漆皮、牛角、铜圈等。这类镜架在清朝逐渐被有镜脚的镜架代替(图 1-1-8)。有镜脚的镜架既美观又方便,受到人们的青睐,甚至出现了以戴眼镜(平光镜)为时髦的潮流。

图 1-1-7 双片镜

图 1-1-8 水晶玳瑁眼镜

## 第一章 眼镜的起源

有趣的是,在清朝,镜片的深浅标度是根据十二地支来划分的,这在清朝文人李光庭所著的史料笔记《乡言解颐》中有记载。

雍正七年(1729年),西洋人戴进贤向雍正皇帝进献了西洋玻璃眼镜一副,他戴上后感觉很好,于是令匠人仿造多副,除了自己使用以外,他还赐给有功的大臣。乾隆皇帝曾对大臣和珅说:"眼镜别名叆叇,近始知之。"由于这个原因,他有一次把考试题命名为叆叇,大学者阮元的诗以生动形象的文笔获得第一,其诗"引镜能明眼,玻璃试试磨。佳名传叆叇,雅制出欧罗。……"简明扼要地概括了眼镜的作用、原料、产地等,还介绍了功效。乾隆皇帝自己也使用过眼镜,还写过《戏题眼镜诗》。

清朝末年,上海的眼镜商贩常将各种眼镜放置于一个方形扁木箱中,有近视镜、远视镜、老视镜、散光镜,还有平光镜和墨镜等。箱盖上装有挂扣,打开箱子,连箱带盖,箱中的眼镜依次排列。后来,方形扁木箱便成了眼镜商贩的招幌。商贩站在一旁,若有顾客,他就推荐各式新潮眼镜,如图1-1-9所示。一旦顾客选定眼镜,商贩便从怀里取出一本线装书,请顾客翻看,这便是当时的验光。

图1-1-9 古代人卖眼镜

# 第二章 眼镜行业的形成和发展

我国眼镜行业的形成和发展大致可以分为三个阶段：眼镜行业的形成和发展；眼镜行业的崛起；眼镜行业的变迁和飞跃。

## 第一节 眼镜行业的形成

苏州是我国眼镜的发源地，苏州生产眼镜不仅历史悠久，而且对我国眼镜行业的发展起了很大的推动作用。

明朝崇祯年间，苏州出了一位杰出的眼镜技师，名叫孙云球（字文玉，又字泗滨，原籍吴江）。他发明了磨制镜片的机器——牵陀车。牵陀车设置了脚踏转动，采用矿石砂、白泥、砖灰等作为研磨剂或抛光材料，能把天然水晶磨制成镜片。孙云球利用牵陀车经过多次试验，最终掌握了"磨片"技术，能将天然晶石磨制成各种不同的凸透镜、凹透镜。按照人们视力的不同，他研制出了用于矫正老视、近视、远视等不同视力问题的镜片，并进行了光度区分。此外，他还编制了一套"随目对镜"的验光方法，用以验目配镜。这是我国主觉验光配镜的开始。

继孙云球之后，苏州在清朝又出了一位擅长制作眼镜的技师，名叫褚三山。褚三山进一步发展了眼镜制作技术，对我国眼镜行业的发展颇有影响。

孙云球、褚三山这两位杰出的眼镜制作技术人才，极大地推动了当时眼镜行业的形成和发展。18世纪中期，苏州已经出现了专门生产眼镜的手工作坊，眼镜的制作与销售在北京、上海、天津、广州等地蓬勃发展，这标志眼镜已成了专门的商品。

此外，随着玻璃工业的发展，出现了能用于制作镜片的光学玻璃。相较于天然水晶而言，玻璃的价格要低廉得多。于是，镜片的用料便由天然水晶逐渐转向了玻璃。

## 第二节 眼镜行业的崛起

清朝末年，英国人约翰·高德在上海开设了"高德洋行"，专门经营机磨检光眼镜。之后，其他经营眼镜的外国人接踵而至。例如，英国人托极司开设了"明晶洋行"，英籍犹太人雷茂顿开设了"雷茂顿洋行"，等等。西方的配镜技术传入我国，为我国眼镜行业的崛起开辟了新的道路。

1911年，曾经在"高德洋行"做工的中国员工在上海筹资开设了"中国精益眼镜公司"

## 第二章 眼镜行业的形成和发展

（以下简称：精益眼镜公司）。该公司生产的眼镜适应了人们的需要，且售价低于洋行的眼镜，不久便占领了市场并在全国多地开设了分店。随着精益眼镜公司在验光配镜、制作眼镜等方面技术的不断创新，我国的眼镜行业有了新的发展，主要表现在以下几个方面：

（1）废除了旧式店铺沿用已久的"对光牌"（图1-2-1），验光配镜开始采用主客体相结合的验光技术（图1-2-2）。

图1-2-1 传统验光

图1-2-2 精益眼镜验光

（2）淘汰了纯手工制作镜片的方法，采用了机械研磨加工设备，不仅能磨制出各种不同性质、不同规格的镜片，还开始自制或监制各类镜框（架）。

（3）由于采用了一些国外的新技术和设备，在检、磨、割、装、矫、制等技术方面都对传统眼镜制作工艺（图1-2-3～图1-2-6）进行了革新。精益眼镜公司培养了一批制作眼镜的专业人才，为我国眼镜行业快速形成一支新的技术队伍打下了坚实的基础。

到第一次世界大战时，精益眼镜公司已在北京、天津、济南、沈阳、大连、哈尔滨、南京、无锡、苏州、杭州、扬州、长沙、南昌、广州、重庆等18个城市开设了分支机构。

图1-2-3 传统研磨

图1-2-4 传统装配

# 第一篇　眼镜的历程

图 1-2-5　传统检验

图 1-2-6　传统调试

1919年，孙中山先生曾到精益眼镜广州分店验光配镜，并为之题词"精益求精"。

图 1-2-7　孙中山先生题词"精益求精"

1935年前后，上海除了精益眼镜公司之外，还有几家大型专业眼镜公司，如茂昌眼镜公司、吴良材眼镜公司等。这些专业眼镜公司均设有先进的验光配镜设备和用于镜片加工研磨、割边的专用机器。

与此同时，北京也先后开设了慎昌钟表眼镜行、大明眼镜公司等，他们均设有自己的验光配镜设备和镜片加工车间。同时，原有老式生产方式的家庭手工业作坊也在不断采用一些国外进口材料，革新其生产技艺。在这段时期，我国的眼镜行业得到了迅速发展，不论店铺的数量，还是从业的人数，也都随之而发展壮大。此外，眼镜行业工会也在这一时期成立了，主要协调眼镜行业的共同事宜。

## 第三节　眼镜行业的变迁和飞跃

经过前两个阶段的发展，我国的眼镜行业已初具规模，但其生产和经销还属于家庭手工作坊和私人店铺，生产工人多则十几人，少则一二人，其产品质量低劣、产量有限、价格昂贵，因而发展缓慢。中华人民共和国成立后，在党和政府的关怀下，以往生产眼镜的家庭手工作坊逐步向合作生产的小企业转变。

20世纪60年代，随着我国经济建设的飞速发展，眼镜行业也得到大力发展，北京、上海、苏州等主要眼镜产地均具有了一定规模的眼镜生产基础，如开办了北京眼镜厂、北京608厂、北京603厂、上海眼镜一厂、上海眼镜二厂、苏州眼镜厂等企业。这些企业的规模均近千人，其生产数量、质量及配套能力均居全国前列，有的产品被评为国家级或市级优质产品，有的

## 第二章　眼镜行业的形成和发展

产品长期出口，驰名中外。

另外，有些国防工业企业、仪器仪表企业转向了眼镜生产加工；有些商业服务部门不断扩大或增加销售网点和增添验光配镜设备、仪器；有些城市（如北京、上海、广州、天津、重庆等）开办了眼镜技术短训班，为眼镜行业培养了大批专业技术人才。

1985年4月，由国家轻工业部倡导牵头，在江苏省镇江市召开了全国眼镜行业的"中国眼镜协会"成立大会。

现在，我国的眼镜行业已具有一定规模和配套生产销售的能力，在整个国民经济中是不可或缺的一部分，为国家和人民做出了应有的贡献。

# 第三章 现代眼镜的发展

## 第一节 镜片的发展

随着科学技术的发展和人们对镜片材料研究的不断深入，不同类型和不同折射率的镜片材料相继出现。其中，最具有代表性的是皇冠玻璃（又称冕牌玻璃），其折射率为1.523，它是以后玻璃材料或折射率标准的对照材料。为了让镜片更轻更薄，人们还研制出了一些高折射率玻璃镜片材料。

此外，一些原本为航空领域研制的树脂材料，如哥伦比亚树脂材料的39号（CR39）、聚碳酸酯（PC）（又称宇宙片或太空片）等，逐渐被应用到眼镜制作领域。这些材料的应用为眼镜材料带来了革命性发展，不仅满足了配镜者对轻、薄的要求，而且还使配镜者戴起来更安全、更健康，视觉也更清晰。

然而，无论是玻璃镜片还是树脂镜片，其本身的透光率都只有91%左右，会有部分光线被镜片的两个表面反射。为了提升镜片的透光率，在镜片表面镀膜的技术也在不断提高。现在，镀膜工艺已从最初的抗反射膜逐步发展到由耐磨损膜（又称加硬膜）、多层减反射膜、憎水膜（又称抗污膜）等组成的复合膜，大大提高了镜片的清晰度和美观度，还增强了镜片的耐用性，延长了镜片的使用寿命。

在镜片设计上，随着多学科研究的交叉、融合（如数学、光学和计算机的应用），镜片设计由最初的球面设计发展到了非球面设计。相对于球面设计的镜片，非球面设计的镜片无论从成像质量，还是外观和承受重量方面，都达到了良好的效果。

用于矫正老视的镜片，也由原来只能看近距离的单焦点镜片发展为既能看远距离又能看近距离的双焦点镜片；随后出现了能看远距离、中距离和近距离的三焦点镜片。20世纪50年代，出现了能满足不同距离注视要求的镜片——渐进多焦点镜片。近年来，随着计算机技术的迅速发展，渐进多焦点镜片在消除周边变形等方面已经取得了重大进展。此外，更加符合眼睛视觉生理的镜片设计也层出不穷。

### 一、镜片材料的发展

#### 1. 水晶镜片

古人用于制作镜片的水晶是一种天然透明的石英结晶体矿物，其化学成分主要为二氧化硅，折射率和密度略高于光学玻璃。

水晶的主要优点是：硬度高、耐高温、耐摩擦、不易潮湿（雾气不易留在其表面）、热膨胀系数小等。

水晶镜片的主要缺点有：

（1）由于水晶的硬度很高，所以磨制水晶镜片非常困难。

（2）由于水晶的密度很大，所以水晶镜片很重。

（3）水晶的晶体特性使之对光线有双折射作用，视物会出现重影。

（4）古人制作水晶镜片的材料都是天然水晶，来源少。此外，天然水晶多数质地不纯，常有斑瑕、斑纹等，色度也很不均匀，常带各种颜色，使透光率降低。

所以，水晶镜片（图1-3-1）的光学性能远不如光学玻璃优良。

随着时代的发展，水晶镜片已逐渐被玻璃镜片或树脂镜片代替。

图1-3-1　水晶镜片

### 2. 玻璃镜片

在玻璃镜片材质中，冕牌玻璃曾经被长期使用。玻璃镜片分为普通玻璃材料镜片、光学玻璃材料镜片、高折射率玻璃材料镜片、有色玻璃材料镜片、光致变色玻璃材料镜片。由于玻璃镜片比较厚重、易碎，现在已经逐渐被树脂镜片取代。

### 3. 树脂镜片

质轻、不易破碎、安全性高是树脂镜片的优点。其密度约为玻璃镜片的一半；抗冲击性比玻璃高10倍，安全性好；化学稳定性和透光性也不错；有极佳的着色性，可以被染各种颜色；吸收紫外线强、容易加工等性能也是光学树脂材料的优点。

树脂镜片也有缺点：硬度低、易划伤、耐热性能差。然而，经过加硬、加膜等表面处理后的树脂镜片，其性能非常优异。由于树脂镜片的性能远远优于玻璃镜片，树脂镜片材料现在已经成为主要的光学配镜材料。

普通玻璃镜片与普通树脂镜片的性能对比如表1-3-1所示。

表1-3-1　普通玻璃镜片与普通树脂镜片的性能对比

| 性能 | 普通玻璃镜片 | 普通树脂镜片 |
| --- | --- | --- |
| 安全性 | 容易破碎，安全性低 | 不易破裂，安全性高 |
| 厚薄度 | 薄 | 厚 |
| 轻重感 | 重 | 轻 |
| 耐热性 | 强 | 差 |
| 耐划伤性 | 硬度高，耐划伤 | 未加硬的镜片易划伤 |
| 易染色性 | 不易染色，时尚感差 | 容易染色，极富时尚性 |
| 加工性 | 不易加工 | 容易加工 |

常用的树脂镜片按其材料不同可以分为热固性树脂材料和热塑性树脂材料两大类型。

1）热固性树脂材料

热固性树脂材料具有加热后硬化的性质，受热不易变形。目前，市场上的大部分镜片都采用这种材料制作，主要代表为CR-39材料、Trivex。

2）热塑性树脂材料

热塑性树脂材料具有加热后软化的特性，适合热塑和注塑。这种材料在50～120℃是可塑的，在50℃以下固态，主要代表为PC、PMMA。

主要光学树脂材料镜片的性能对比，如表1-3-2所示。

表1-3-2 主要光学树脂材料镜片性能

| 性能<br>种类 | 折射率 | 阿贝数 | 密度/<br>（g·cm⁻³） | 耐磨性/<br>（HB） | 耐热性/℃ | 耐冲击性 |
|---|---|---|---|---|---|---|
| CR-39 | 1.499 | 57.8 | 1.32 | 4H | 70 | 一般 |
| Trivex | 1.53 | 45 | 1.11 | 2H | 90 | 超强 |
| PC | 1.587 | 31 | 1.20 | B | 120 | 强 |
| PMMA | 1.491 | 57.6 | 1.19 | 2H | 80 | 稍强 |

（1）折射率。折射率是光在真空中的传播速度与光在该介质中的传播速度之比。材料的折射率越高，使入射光发生折射的能力越强。在镜片中心厚度相同的前提下，采用同种材料达到相同度数，折射率高的镜片与折射率低的镜片相比，折射率高的镜片边缘更薄。

（2）阿贝数。阿贝数也称为色散系数，用来衡量透明介质的光线色散程度。一般来说，介质的折射率越大，色散越明显，阿贝数越小；反之，介质的折射率越小，色散越不明显，阿贝数越大。目前，眼用光学镜片材料的阿贝数一般在30～60。

（3）密度。密度是某种物质或材料的质量与体积的比值，单位为$g·cm^{-3}$或$kg·cm^{-3}$。

（4）耐磨性。一般用材料的硬度来衡量其耐磨性。材料局部抵抗硬物压入其表面的能力称为硬度。由于规定了不同的测试方法，所以有不同的硬度标准。HB为布氏硬度值。

（5）耐热性。耐热性指物质在受热的条件下仍能保持其优良的物理机械性能的性质。一般采用鼓风恒温烘箱或高温炉，在其达到规定的温度和时间后，对漆膜表面状况进行检查、测试，或者进行其他性能（如冲击、弯曲、浸水、盐雾）试验等，然后以前后测试数据表示。一般分为6个耐热等级。耐热性的单位为℃。

（6）耐冲击性。耐冲击性属于材料的物理性质，指抵抗冲击负荷作用的能力。耐冲击性是衡量材料在经受高速率的重力作用下发生快速变形而不出现破裂的性能，人们希望材料的强度越大越好，而脆性破裂是材料的致命弱点，尤其是对于眼镜镜片。一般用落球实验来判断材料的耐冲击性等级。

## 二、镜片设计的发展

### 1. 球面镜片设计

球面镜片（图1-3-2）是指在凸面、凹面使用球面的镜片。凸面或凹面的任何一面使用球面、另一面使用环曲面或平面的镜片，也列为球面镜片。

# 第三章 现代眼镜的发展

图 1-3-2 球面镜片

早期的镜片采取的是球面设计,存在球面像差,影响周边成像的清晰度,尤其对于选择大镜框的戴镜者,球面像差对其视觉真实度的影响会更大。

## 2. 非球面镜片设计

非球面镜片分为单面非球面镜片和双面非球面镜片。单面非球面镜片按非球面的位置不同分为凸面非球面设计镜片和凹面非球面设计镜片。几种镜片的设计对比如图 1-3-3 所示。

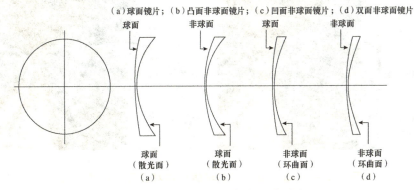

图 1-3-3 各种镜片的设计对比

(a)球面镜片;(b)凸面非球面镜片;(c)凹面非球面镜片;(d)双面非球面镜片

与球面镜片相比,非球面镜片的主要优点如下:

(1)非球面镜片的视野更清晰、宽广,周边变形小。

通过球面镜片来看由 E 形字母组成的方格图,周边部分的线条变得弯曲,如图 1-3-4(a)所示,而通过非球面镜片来看该方格图,则几乎感受不到线条变形,如图 1-3-4(b)所示。

图 1-3-4 球面镜片与非球面镜片的视野对比

(a)球面镜片;(b)非球面镜片

（2）非球面镜片比球面镜片更轻、更薄，如图1-3-5所示。

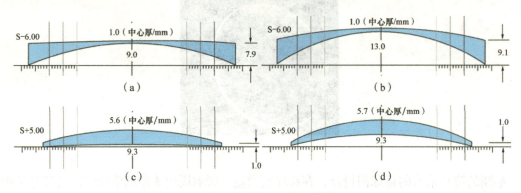

图1-3-5　球面镜片与非球面镜片厚度对比

（a）1.60单面非球面镜片（φ75）；（b）1.60球面镜片（φ75）；（c）1.60单面非球面镜片（φ65）；（d）1.60球面镜片（φ65）

（3）非球面镜片对于脸型的改变更小，更加美观，如图1-3-6所示。

图1-3-6　球面镜片与非球面镜片对脸型的改变对比

（a）球面镜片；（b）非球面镜片

### 3. 双面非球面镜片

在图1-3-3所示的镜片设计对比中，双面非球面镜片的凸面与凹面均采用了非球面设计，可以进行高度的像差补正。尤其对于散光镜片来说，非球面设计可以进一步改善散光镜片中主经线以外的斜向偏差，其性能更加优异。

与单面非球面镜片相比，双面非球面镜片的主要优点如下：

（1）双面非球面镜片比单面非球面镜片的清晰视野更加宽广，如图1-3-7所示。

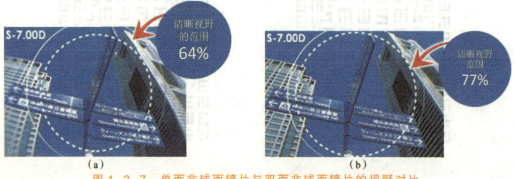

图1-3-7　单面非球面镜片与双面非球面镜片的视野对比

（a）单面非球面镜片；（b）双面非球面镜片

## 第三章 现代眼镜的发展

（2）所有光度的光学性能都能得到更好的发挥，特别是对高度散光的镜片。

（3）双面非球面镜片比单面非球面镜片有更薄的中心厚度（CT）或边缘厚度（ET）。如图 1-3-8 所示，双面非球面镜片的前表面更加平坦，镜片整体更加轻薄。

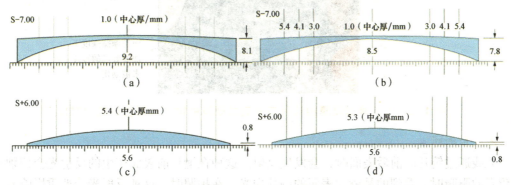

图 1-3-8　同折射率的单面非球面镜片与双面非球面镜片厚度对比
（a）1.70单面非球面负镜片（φ75）；（b）1.70双面非球面负镜片（φ75）；
（c）1.70单面非球面正镜片（φ70）；（d）1.70双面非球面正镜片（φ70）

## 三、镜片膜层的发展

树脂镜片的镀膜膜层主要包括各种功能性的加硬膜、减反射膜、顶膜等。镜片的膜层结构示意如图 1-3-9 所示。

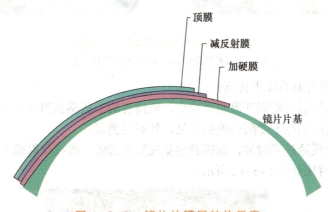

图 1-3-9　镜片的膜层结构示意

### 1. 加硬膜

树脂镜片的表面硬度不高，易于擦伤。镜片表面的划伤不仅会让镜片不美观，还会引起散射，导致视觉模糊。为了弥补这一缺点，需要对树脂镜片进行加硬处理，如图 1-3-10。

加硬膜能较长时间保持树脂镜片的光学品质和外观。大约 2μm 厚的加硬膜层能使镜片的表面更抗划伤，镜片的耐用性还能大大增强。镀加硬膜的镜片与未镀加硬膜的镜片抗划伤性能的对比如图 1-3-10 所示。一般来说，树脂镜片的加硬膜包含了聚硅氧烷（含硅和有机聚合物）的有机材料。

## 第一篇　眼镜的历程

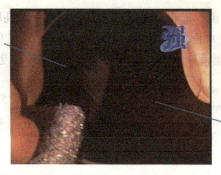

未加硬处理的镜片非常容易被划伤

同等摩擦强度下，加硬处理的镜片未被划伤

图 1-3-10　镀加硬膜的镜片与未镀加硬膜的镜片抗划伤性能的对比

### 2. 减反射膜

光线通过镜片的前后表面时，会发生反射。这种在镜片前表面产生的反射光会使别人看戴镜者的眼睛时，看到的是镜片表面的一片白光。在拍照时，这种反射光会严重影响戴镜者的美观。镀减反射膜的镜片与未镀减反射膜的镜片的美观度比较如图 1-3-11 所示。

（a）

（b）

图 1-3-11　镀减反射膜的镜片和不镀减反射膜的镜片的美观度比较
（a）镀减反射膜的镜片；（b）未镀减反射膜的镜片

镀减反射膜的镜片具有以下优点：

（1）镜片前的反射和模糊现象明显减少，戴镜者的不适感也明显减少。

（2）戴镜者的眼睛能不受阻碍地被看见，外观更美观。

（3）镜片的光线透过率增强，戴镜者感觉视野更清晰。镀减反射膜的镜片与未镀减反射膜的镜片的清晰度对比如图 1-3-12 所示。

未镀减反射膜

镀减反射膜

图 1-3-12　镀减反射膜镜片与未镀减反射膜镜片的清晰度对比

## 3. 顶膜

1）易清洁膜

当镜片表面镀有多层减反射膜后，镜片特别容易产生污渍，而污渍则会破坏减反射膜的减反射效果。因为减反射膜层呈孔状结构，油污特别容易浸润至减反射膜层内。

为了解决这个问题，就要在减反射膜层上再镀一层具有抗油污和抗水性能的顶膜，这层顶膜必须非常薄，且不会改变减反射膜的光学性能。

现在市场中有各种各样的顶膜，这些的功能各有侧重，如防油渍易清洁膜（图1-3-13）、防静电易清洁膜（图1-3-14）、防水易清洁膜（图1-3-15）。

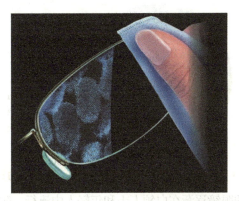

图1-3-13　防油渍易清洁膜的作用对比

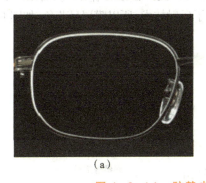 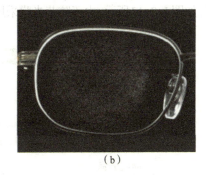

（a）　　　　　　　　　　　　　　（b）

图1-3-14　防静电易清洁膜的作用对比

（a）有防静电膜层的镜片；（b）没有防静电膜层的镜片

图1-3-15　防水易清洁膜的作用对比

2）防蓝光膜

随着社会的进步与发展，尤其是 4G 网络的应用，智能手机、平板电脑等数码产品现今已被广泛使用。这些数码产品的光线中含有大量蓝光。眼睛长期接触高能量蓝光容易令人头晕，对眼睛造成伤害，加大出现黄斑病变的概率并损害视力。

美国在 2012 年的一项就成年人使用数码产品的研究报告显示（图 1-3-16），超过 80% 的人平均每天会用 4～6 小时或更长时间使用数码产品。每天长时间近距离观看影片、图像、文字、动画等，会对眼睛造成一定压力。部分被访者曾出现红眼、眼干或眼涩、视力模糊、疲劳，以及头、脊背、肩膀、颈椎疼痛等不适症状。

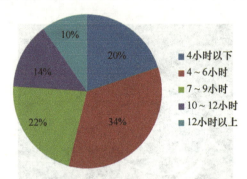

图 1-3-16　使用数码产品的时间及所占的比例

因此，戴防蓝光镜片的眼镜逐渐在白领人士和年轻人中流行。防蓝光镜片是利用镜片的膜层技术把射到镜片上的蓝光反射出去，过滤多余的蓝光，提升影像清晰度，从而减轻眼睛负担和舒缓眼睛疲劳，如图 1-3-17 所示。由于防蓝光膜采用了反射技术，所以膜层呈蓝色，如图 1-3-18 所示。

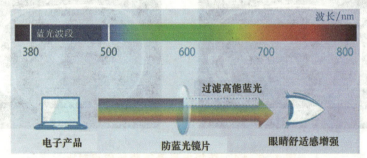

图 1-3-17　镜片防蓝光原理示意

(a)　　　　　　　　　　(b)

图 1-3-18　防蓝光镜片与传统膜层镜片的膜色对比

(a) 防蓝光镜片；(b) 传统膜层镜片

## 第三章 现代眼镜的发展

### 四、镜片功能的发展

#### 1. 彩色镜片

有些戴镜者为了美观，喜欢有颜色的镜片；有些戴镜者希望镜片能吸收一些可见光，避免在强光下视物太刺眼；还有些戴镜者需要有色镜片以增强视物的对比度……这就需要用到彩色镜片。

彩色镜片又称为染色镜片，一般采取定制的方式，在顾客确定镜片的颜色和浓度后，商家到生产厂家为顾客定制。

目前，市场上彩色树脂镜片的种类非常多，如图 1-3-19 所示。顾客在选择彩色镜片时，往往不知道应该如何选择。其实，好的染色镜片的颜色一定是根据色彩学理论和不同年龄肤色而综合考虑后研制的，戴镜者戴上该颜色镜片的眼镜后，应该看起来肌肤更透明、更靓丽，面部更立体、更生动，体现出健康美和自然美。

图 1-3-19　市场中某品牌染色镜片样片

选择彩色镜片时除了要注重颜色的美观以外，还要考虑彩色镜片的透光率（尤其是对人眼最敏感的 400～500 nm 光线透光率），彩色镜片能提高其视觉性能。例如，淡褐色镜片能使远景更加鲜明，在阴天或有薄雾的天气能使远处的景物更清楚，适合在雾天驾驶的驾驶员；淡灰色镜片对任何色光都能均匀吸收，且不改变物体本来的颜色，特别适合从事与颜色相关工作的人。

### 2. 光致变色镜片

光致变色镜片又称变色镜片，可以随着光的强度变化自动改变透光率，还能将矫正和防护这两种功能结合起来。光致变色镜片的制作工艺可以分为片基变色与膜层变色。

片基变色是指在制作镜片的原材料单体中混入变色材料，并搅拌均匀，然后放入模具中注塑成型。这种工艺因为变色材料在镜片不同位置的厚薄差异（也就是屈光度的不同）而出现镜片变色不均匀的情况。例如，片基变色近视眼镜，中间薄、周边厚，所以会出现周边变色深而中间变色浅的现象。片基变色一般用于玻璃镜片或低端树脂镜片。

膜层变色是指在制作好的镜片表面涂一层厚度均匀的复合变色材料。因此，膜层变色镜片的变色浓度不受镜片屈光度高低的影响。膜层变色一般用于高档树脂镜片。膜层变色镜片示意如图 1-3-20 所示。

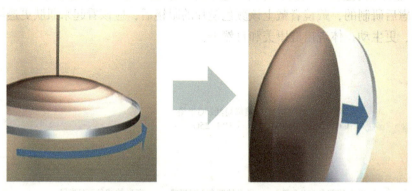

图 1-3-20　膜层变色镜片示意

变色材料在遇到紫外线照射时，会产生化学变化，颜色变深；当切断紫外线照射时，会恢复到无色透明状态。变色材料的变色原理示意如图 1-3-21 所示。

变色镜片的变色浓度与变色速度跟紫外线照射量和温度有关。紫外线照射量越大，变色浓度越深、变色速度越快；温度越高，变色浓度越浅，变色速度越快。所以，在冬天下雪后的晴天，变色浓度较深，变色速度较慢；在温度较高的夏天，变色浓度较浅，变色速度较快。

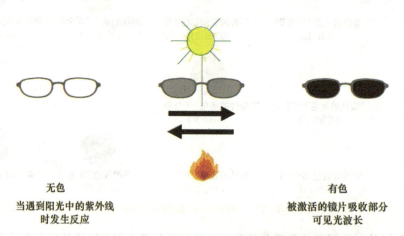

图 1-3-21　变色材料的变色原理示意

另外，变色物质是有活性和寿命的。在使用一段时间之后，变色物质逐渐失去活性，镜片的底色会越来越深，镜片变色的最深浓度会变浅，即变色幅度随着变色活性的减退而变小。

在正常情况下，一般变色镜片的使用寿命是3～4年。

在使用光致变色镜片时，要注意以下几点：

（1）新、旧变色镜片的变色活性是有差别的，经常出现颜色不一致的情况，建议在更换变色镜片时，两片同时更换，而不是仅更换一片。

（2）镜片变色后，恢复到无色透明状态也需要光照。如果镜片还没有完全恢复到无色透明状态，就将眼镜放置在眼镜盒中，镜片就不能完全恢复到无色透明状态，将导致镜片有底色。

（3）镜片的厚度不同，变色的浓度也不同。若配镜者的两眼屈光度相差在2.00D以上，建议配膜层变色的变色镜片。

（4）在密封的车内，紫外线很弱，驾驶员戴的变色镜片不会变深，就起不到太阳眼镜的作用。所以，在戴变色眼镜驾驶时，最好打开车窗或者戴专门的车内变色眼镜。

### 3. 偏光镜片

偏光镜片，就是只允许自然光中某一特定偏振方向的光穿过的镜片。由于它有滤光作用，所以透过偏光镜片，物体会变暗。为了过滤太阳照在水面、陆地或雪地上反射的刺眼光线，在镜片上加入了垂直方向的特殊涂料，偏光镜片适合户外运动（如海上活动、滑雪或钓鱼）时使用。

目前，偏光镜片大多出现在太阳眼镜的应用上，是有车一族与钓鱼爱好者的必需装备，它能为驾驶员过滤迎面的远光灯光线，能帮助钓鱼爱好者看清水面上的鱼漂。

### 4. 多焦点镜片

1）双光镜片

人到了中年，随着年龄的增加，视力调节能力逐渐下降，从而出现视近困难，呈现老视现象。老视是一种生理现象，是人步入中老年后必然出现的视觉问题。老视的人戴着老视镜抬头看远距离时，需要摘掉老视镜；近视老视的人在看近距离时须摘下近视镜或者换戴低度数的近视镜。这都非常不方便。老视现象给人们带来的困扰如图1-3-22、图1-3-23所示。

图1-3-22　近视老视的人戴近视镜看书时，要将书拿得远一些才能看清楚　　图1-3-23　近视老视的人摘下近视镜看书时，要将书拿得近一些才能看清楚

因此，人们设计出了一种将两种镜度加工在同一镜片上的镜片，即在同一镜片上既有用于视远距离的部分也有用于视近距离的部分，这样的镜片称为双光镜片，又称为双焦点镜片。如图1-3-24所示，视远距离的部分为主镜片，视近距离的部分为子镜片。

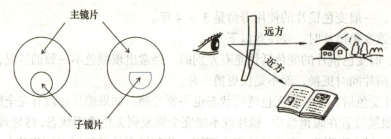

图 1-3-24 双光镜片的结构与功能

双光镜片的制作工艺可以分为胶合双光、熔合双光和整体双光，如图 1-3-25 所示。

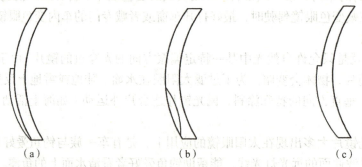

图 1-3-25 双光镜片的制作工艺分类
（a）胶合双光；（b）熔合双光；（c）整体双光

（1）胶合双光。胶合双光即在主镜片上粘贴附加的子镜片。优点为可以根据需要将子镜片粘贴在不同的位置；缺点为外观不美观，容易掉片。胶合双光现在已经被淘汰。

（2）熔合双光。熔合双光即在折射率较低的主镜片上，将折射率较高的子镜片熔合到主镜片的凹陷区。采用这种工艺生产的双光镜片看不到明显的分界线，外形更美观，所以熔合双光又称为无形双光。

（3）整体双光。整体双光即在主镜片的凸面上，再磨出一个曲面。整体双光多为显形双光。现在市场上的显形双光镜片都为树脂镜片。

双光镜片根据子镜片的外形不同可以分为圆顶双光、平顶双光和一线双光，如图 1-3-26 所示。

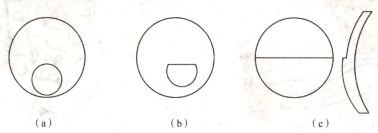

图 1-3-26 双光镜外形分类
（a）圆顶双光；（b）平顶双光；（c）一线双光

2）三焦点镜片

针对那些需要中距离视物（0.5～2m）的人（如那些在电脑或收银机前工作的人），使用三焦点的镜片可以满足他们的需求。

三焦点镜片的矫正效果包含多个范围，每两片不同距离的镜片之间，其分界线不明显。

这些多焦点镜片的分界线在很近之处才可以看到，但当使用者由视近距离转换到视远距离时，眼睛仍然会感觉到很突然的大变化。

3）渐进多焦点镜片

渐进多焦点镜片是最近十几年开始在国内销售的一种新型镜片。这种镜片是20世纪50年代发明的，其设计思路来自双焦点镜片。渐进多焦点镜片的屈光度自上向下不断变化，可以满足戴镜者看不同距离物体的视觉需求，弥补双焦点镜片只能看远、近两种距离的不足。渐进多焦点镜片的设计原理如图1-3-27所示。

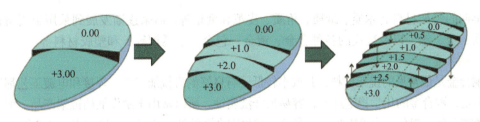

图1-3-27　渐进多焦点镜片的设计原理示意

渐进多焦点镜片的表面大致可以分为四个区域：远用区、渐变区、近用区和像差区。渐进多焦点镜片的结构如图1-3-28所示。

图1-3-28　渐进多焦点镜片的结构

渐进多焦点镜片不像老视镜只能提供一个固定距离的清晰视力，也不像双光眼镜只能提供两个固定距离的清晰视力，渐进多焦点镜片可以为戴镜者提供自远点到近点的全程、连续的清晰视野，如图1-3-29所示。

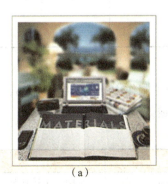　　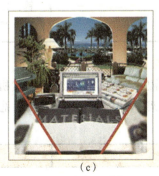

（a）　　　　　　　　　　　（b）　　　　　　　　　　　（c）

图1-3-29　单光老视镜片、双光镜片、渐进多焦点镜片为戴镜者提供的视觉清晰/模糊情况比较

（a）单光老视镜片；（b）双光镜片；（c）渐进多焦点镜片

# 第一篇　眼镜的历程

## 第二节　镜架的发展

### 一、镜架材料的发展

早期的镜架材料有木质、纸质、角质、皮革和玳瑁等,后来逐渐发展到采用金属材料(如铜、铁、金、银,以及现代的各种合金、镀金、包金、不锈钢等)和塑胶材料等。

#### 1. 铜合金

铜合金是最常见的镜架材料,其成本较低,有良好的机械加工性,焊接和电镀工艺都比较简单。但是,铜合金的化学稳定性差,容易被汗液腐蚀,所以常用于制作低档镜架产品。铜合金可以电镀成金色、银色,也可以喷涂成彩色。常见铜合金的性能特点及用途如表1-3-3所示。

表1-3-3　常见铜合金的性能特点及用途

| 名称 | 成分 | 性能特点 | 用途 |
|---|---|---|---|
| 黄铜(铜锌合金) | 铜:63%~65%<br>锌:35%~37% | 呈黄色,易切削加工,易变色 | 多用于低档镜架、鼻托芯子 |
| 青铜(铜锡合金) | 铜:70%<br>锡:5%~25%<br>锌:2%~10% | 弹性、耐磨性及在大气中的耐腐蚀性强,但加工困难,且对酸类物质耐腐蚀性差 | 价格较高,多用于弹簧、镜圈 |
| 锌白铜(洋白或洋银) | 铜:64%<br>镍:18%<br>锌:18% | 呈铜绿色、耐酸性、弹性强,易加工,易生锈 | 成本低,多用于低档镜架 |
| 铜镍锌锡合金 | 铜:62%<br>镍:23%<br>锌:13%<br>锡:2% | 弹性强 | 多用于鼻梁、镜腿 |

#### 2. 镍合金

镍合金的耐腐蚀性极强,机械性和耐磨性也很强,常用于制作中、高档镜架产品,在金属镜架中所占的比重较大。常见镍合金材料的性能特点和用途如表1-3-4所示。

表1-3-4　常见镍合金材料的性能特点和用途

| 名称 | 成分 | 性能特点 | 用途 |
|---|---|---|---|
| 镍铜合金(蒙耐尔合金) | 镍:65%<br>铜:34%<br>少量铁、锰等 | 强度高、弹性、耐腐蚀性和焊接抗拉性均很强 | 多用于中档镜架、镜圈 |

# 第三章 现代眼镜的发展

（续表）

| 名称 | 成分 | 性能特点 | 用途 |
|---|---|---|---|
| 镍铬合金（高镍合金） | 镍：84%<br>铬：12.5%<br>银：5%<br>铜：1%<br>其他元微量元素等 | 与蒙耐尔合金相比，强度、弹性和耐腐蚀性更强 | 多用于高档镜架 |
| 不锈钢 | 铁：71%<br>铬：18%<br>镍：8%<br>其他元素：0.1%～0.3% | 弹性、耐腐蚀性很强，但强度低、焊接加工困难 | 多用于镜腿、螺丝、包金镜架基体 |

### 3. 纯钛及钛合金

纯钛：银白色金属，密度为 4.5g/cm³，质轻（最大特点）、强度高、耐腐蚀性强，具有良好的可塑性。镜架上标识"Ti-P/TITAN/PURE TITANIUM"表示镜架除了鼻支架、铰链和螺丝以外，其余镜架部分均由纯钛材料制成。

钛合金：用于制作镜架的钛合金主要有钛铝、钛钒、钛锆等，其弹性、耐腐蚀性更强，在金属镜架中属于中、高档产品。用"Ti-C/Titan-C"表示。

### 4. 纯金及其合金

纯金：呈黄色，密度为 19.3g/cm³，在大气中不会被氧化腐蚀，比银更柔软，有很好的延展性。由于纯金的密度大，且柔软，一般不将纯金用于制作镜架的材料，而是将其与银、铜混合成合金后用做镜架材料。镜架制作多采用 K18、K14、K12 金的合金。通常，金含量重量比在 1/20 以上时，用 GF 表示；金含量重量比在 1/20 以下时，用 RGP 表示。

### 5. 板材镜架

板材镜架以棉毛化学处理成粉状，溶解于醋酸中，加入可塑剂和着色剂，经过过滤程序后，在高温状态下制成大块板状，经干燥处理后，切割成适当大小的条状，再经粘贴、车削、打磨、上光、抛光等复杂工序加工而成。板材加工工艺的镜架常用的原材料有醋酸纤维、环氧树脂等。板材镜架的实物外观如图 1-3-30 所示。

图 1-3-30 板材镜架的实物外观

### 6. 注塑镜架

注塑镜架由热塑性合成树脂胶粒经加温后通过注塑机挤压成型，再经过表面刮削、研磨、喷漆着色或烫印着色等工序加工而成。注塑镜架常用的原材料有丙酸纤维（CP）、硝酸纤维、塑胶钛（TR-90）、热塑性弹性体/橡胶（TPE/TPR）、塑钢（PEI）、聚碳酸酯（PC）等等。热塑性橡胶 TPR 镜架的实物外观如图 1-3-31 所示。

图 1-3-31　热塑性橡胶 TPR 镜架实物外观

#### 7. 天然材质镜架

制作镜架的天然材料有玳瑁、动物头角和特殊木材等。玳瑁材料采用产于热带海洋中的玳瑁壳为原料，主产地为西印度群岛。玳瑁镜架质轻、光泽优美、对皮肤无刺激、经久耐用、具有保存的价值，很受中老年以上男性戴镜者的欢迎。相对于其他材质的镜架，玳瑁镜架易断裂。在使用、保养玳瑁镜架时，切不可用超声波清洗，否则会发白、失去光泽。

#### 8. 混合材料镜架

混合材料镜架的材质多采用金属及塑料混合制成。这种镜架有的将塑料包以金属；有的则在镜架的不同部分使用不同的材料，如前框的材料是塑料、镜腿的材料是金属，或者前框的材料是金属、镜腿的材料是塑料；有的混合使用上述两种方式，如眉条及鼻梁使用塑料，镜框使用不锈钢材料，镜腿用塑料包以金属材料；等等。

## 二、镜架的结构与类型

### 1. 镜架的基本部件

一副镜架通常由镜圈、鼻梁、鼻托、镜腿、桩头、铰链等主要部分构成，如图 1-3-32 所示。

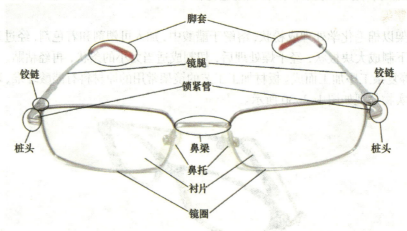

图 1-3-32　镜架的基本部件

1）镜圈（镜框）

镜圈是镜片的安装位置，用螺钉、金属丝或尼龙丝，凭借沟槽或钻孔来固定镜片。它决定了镜片的切割和眼镜的外形，其尺寸大小以水平内径的最大距离为准。

2）鼻梁

鼻梁连接左右镜圈或直接与镜片固定连接，其尺寸为左、右镜圈之间的最短距离。

3）鼻托（托叶）

鼻托位于鼻梁下方，左右各一。在戴眼镜时，鼻托与鼻子直接接触。鼻托起支撑和稳定镜架的作用。

4）鼻托支架

鼻托支架连接鼻托和镜圈，用于支撑鼻托并使其便于调整。某些浇铸成型的塑料架可以没有鼻托支架，而是鼻托和镜圈直接相连。

5）桩头

桩头位于镜圈和镜腿的连接处，一般是弯形。

6）铰链

铰链用来连接桩头和镜腿的一个关节，戴镜时张开，不戴时合拢，以便于保存。

7）镜腿

镜腿与桩头相连，通过铰链可以折叠。在戴眼镜时，镜腿架在耳朵上起固定镜圈的作用。镜腿的尺寸是从铰链中心至镜腿末端的扩展长度。

8）锁紧管

锁紧管位于镜圈的开口侧，由螺钉连接。旋紧螺钉可以将锁紧管紧固，从而固定镜片。

9）脚套

脚套装配在镜腿的末端，其作用是让戴镜者戴镜更舒适。

10）衬片（撑片）

衬片安装在镜圈内，起到支撑镜圈及美观的作用。

## 2. 镜架的分类

1）按材料分类

镜架按材料可以分为金属镜架、非金属镜架和混合镜架。

（1）金属镜架。金属镜架的主要部分由金属材料制成。

（2）非金属镜架。非金属镜架的主要部分由塑料或天然材料制成。

（3）混合镜架。混合镜架的主要部分由塑料和金属材料混合制成。

2）按款式分类

镜架按款式可以分为全框镜架、半框镜架、无框镜架、组合镜架和折叠镜架。

（1）全框镜架。全框镜架是最常用的一种镜架类型，如图1-3-33所示。全框镜架的特点是牢固、易于定型，可遮掩一部分的镜片厚度。

图1-3-33　全框镜架

（2）半框镜架。半框镜架固定镜片的框缘由金属和一根很细的尼龙丝组成，镜片经特殊磨制后，其下缘被磨平并开槽，然后将尼龙丝嵌入镜片的凹槽内，造成一种下部无框缘的外形，如图1-3-34所示。半框镜架的特点是质轻，给人以轻巧别致之感，也较为牢固。

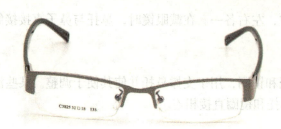

图 1-3-34　半框镜架

（3）无框镜架。无框镜架没有镜圈，只有金属鼻梁和金属镜腿。通常在镜片上钻孔，将镜片的两侧分别与鼻梁、镜腿用螺钉紧固连接，如图 1-3-35 所示。无框镜架比普通镜架更加轻巧、别致，但其强度与全框镜架相比稍差。

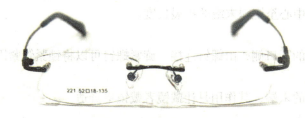

图 1-3-35　无框镜架

（4）组合镜架。组合镜架的前框处有两组镜片，其中一组可以向上翻，通常为户内、户外两用，如图 1-3-36 所示。

图 1-3-36　组合镜架

（5）折叠镜架。折叠镜架可以折成四折或六折，多为阅读镜，如图 1-3-37 所示。

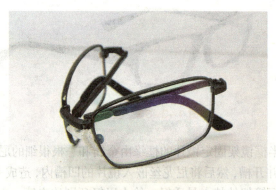

图 1-3-37　折叠镜架

### 3. 镜架的标注

通常，镜架的标注在镜腿的内侧，在一个镜腿上标明眼镜架的各项尺寸、型号和颜色，在另一个镜腿上注明产地、生产商名和镜架材料等。

如图 1-3-38（a）所示，"MC151"为镜架的型号，"C02"为色号型号，"□"代表用方框法测量和标记，"53"代表镜圈尺寸为 53 mm，"18"代表鼻梁尺寸 18 mm，"135"代表镜腿尺寸（延展长度）为 135 mm；如图 1-3-38（b）所示，"Caldini Collection"为镜架的品牌，"CE"表示欧盟工业品认证，"Germany"表示由德国设计。

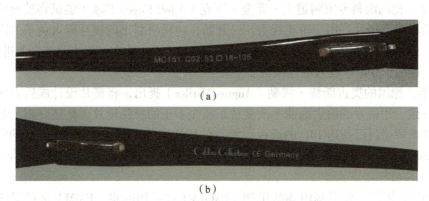

图 1-3-38 镜架的标注

## 第三节　接触镜的发展

### 一、萌芽期

早在 1508 年，意大利著名科学家达·芬奇（Leonardo di ser Piero da Vinci）在研究调节机制时，无意中发现：将眼睛浸入一个盛满水的半球形玻璃容器中，透过容器来观看物体，可以使原本看不清楚的物体变得清晰。由于半球形玻璃容器中的水直接与角膜接触，这样就形成了一个大的接触镜（图 1-3-39），因此，达·芬奇被认为是第一个描述接触镜的人。

图 1-3-39 达·芬奇描述的接触镜

在接下来的几百年中，先驱者们不断探索和尝试各种装满水的容器，使水与角膜接触以期待能改变眼睛的屈光力。

## 二、发展期

### 1. 玻璃角巩膜镜片

在1880年以后的几年中，接触镜大多使用玻璃材料，镜片设计为覆盖角膜和巩膜的角巩膜镜片。

1888年，德国眼科专家阿道夫·尤金·菲克（Adolf Eugen Fick）尝试将玻璃镜片制成大于角膜的角巩膜型镜片，用于矫正视力。一开始，他将研制出的镜片戴入兔子的眼睛进行试验；后来，他将这种镜片戴入自己的眼睛进行试验；最后，他在一组志愿者身上进行了试验。结果表明，这种镜片可以在人眼连续戴2小时。

1899年，德国的奥古斯特·缪勒（August Müller）提出，将镜片设计成后表面与角膜前表面曲率一致，用镜片的前表面曲率改变矫正屈光不正的特殊镜片。他还介绍了如何应用这种特殊镜片来矫正自己高达14D的近视。缪勒在Kiel大学就职演讲中描述了他的发明，并称之为"contact lens"（接触镜，现在通常称为隐形眼镜），这个名称一直沿用至今。

### 2. PMMA材料角巩膜镜片

20世纪30年代，聚甲基丙烯酸甲酯（PMMA）在美国问世。PMMA材料很透明，而且密度比玻璃小，能被设计并加工成更薄的接触镜。芬伯路姆（Feinbloom）、奥布莱（Obring）等科学家开始尝试用PMMA材料制作角巩膜型接触镜。但是，科学家们随后发现PMMA材料存在一个致命的缺点，那就是透氧性差，若角膜长期接触这种材料，将会导致诸多因角膜缺氧而引起的并发症，从而限制了其在接触镜领域的应用。

### 3. PMMA材料角膜镜片

1946年，美国视光师凯文·托赫（Kevin Tuohy）在一次偶然中发现：镜片其实不必覆盖巩膜。他首创了一种仅覆盖角膜（甚至比角膜更小）的镜片。该镜片较薄，人眼可以较为舒适地戴上一整天。后来，硬性接触镜的设计不断得到改进，一直沿用到软性接触镜的问世。

### 4. 软性接触镜

软性接触镜是接触镜发展至今最成功的、具有里程碑意义的产品。现在，软性接触镜占了全球接触镜市场的80%以上。

20世纪50年代，捷克斯洛伐克科学家奥托·威特勒（Otto Wichterle）将甲基丙烯酸羟乙酯（HEMA）材料引入了接触镜领域。随后，他发明了旋转成形技术，并用这种技术将HEMA材料制成了软性接触镜。1971年，美国的博士伦公司获得了这项技术，并于1972年将产品推向了市场。

20世纪70年代早期出现的软性接触镜为低含水量镜片，美国食品药品监督管理局当时（FDA）规定其为日戴型镜片。几年后，英国视光师卡尔（John de Carle）首先提出了长戴型镜片的概念。他试图通过增加镜片的含水量来提高镜片的透氧性，以达到可以整夜戴的目的。但是，受到当时材料和设计的限制，长时间戴接触镜会使角膜缺氧和镜片污染等并发症大量增加。直到20世纪90年代美国视康公司率先研制出新型的高透氧性硅水凝胶材料镜片，长戴性镜片的实际应用才成为可能。

20世纪80年代之前，人们认为只要镜片保持相对清洁，无明显的破损，并能有效矫正戴镜者的屈光不正，该镜片就可以继续使用，且一直使用到不能继续使用时才更换。但是，镜片的使用时间越长，沉淀物就会越多，造成戴镜者眼部感染、眼部过敏反应等并发症的概率越高。于是，人们产生了研制抛弃型镜片的想法。1985年，最早的抛弃型镜片在丹麦出现。1986年，美国强生公司（Johnson & Johnson）获得了相关技术并进行规模化生产和销售。1995年，强生公司推出了世界上第一副日抛镜片（1-Day-Acuvue）。随后，在抛弃型镜片的基础上，人们又提出了频繁更换型镜片的概念，即定时、有计划地更换镜片，更换频率一般为1个月、3个月、6个月不等。

### 5. 硬性透气性角膜接触镜

由于PMMA材料透氧性很差，人们开始研发新型的透氧性硬镜材料。RGP（Rigid Gas Permeable）材料，就是兼备硬性和透氧性的接触镜材料的总称。

1972年，为了改善镜片的透氧性，一种半硬性材料——醋酸丁酸纤维素（CAB）研制成功，并于1977年由替特玛（Titmus）公司制成接触镜。

1974年，盖罗（Gaylord）将高透氧的硅材料加入PMMA结构中，制作出了一种新型的RGP材料——硅氧烷甲基丙烯酸酯（SiMA），使镜片的透氧性能进一步提高。在此基础上，又衍生出了多种RGP材料，如氟硅胶丙烯酸酯（FSA）和氟多聚体等。

RGP镜片透氧性好、光学性能佳，能矫正散光，但是戴镜者在戴镜初期会感觉不舒适，需要一段适应过程。由于RGP镜片的验配需要验配师掌握更多的理论知识和技能，所以，目前RGP镜片的验配不如软性接触镜普及。

### 6. 硅水凝胶软性角膜接触镜

在20世纪50年代后期，就已经有科学家尝试将硅加入水凝胶材料中来改善材料的透氧性。然而，由于硅材料的疏水性，硅的加入使得镜片的湿润性变差，降低了舒适度。为了克服这些缺点，科学家们不断改进材料成分的比例，直至20世纪90年代才使硅与水凝胶材料获得较理想的结合，形成硅水凝胶（silicone hydrogel）材料。这种材料既保持了硅的高透氧特点，又兼备了水凝胶材料亲水的优势，显著改善了材料的湿润性，被美国食品药品监督管理局（FDA）批准可以连续配戴30天。

## 三、我国接触镜的发展

接触镜在我国的研制和应用相对较晚。1946年，上海吴良材眼镜店率先引进了国外生产的接触镜。1962年，上海医学院与上海眼镜二厂联合研制生产出了中国最早的PMMA硬性接触镜。1972年，他们再次联合研制出了我国最早的软性角膜接触镜。20世纪80年代，我国的接触镜行业开始进入快速发展阶段。1986年，我国第一家中外合资接触镜公司——上海海昌公司在上海成立了。1988年，博士伦公司在北京成立。20世纪90年代，另外两家国际著名接触镜企业——美国强生公司和视康公司——也进入了我国市场。这些公司的成立和到来，不但大大提高了我国的接触镜生产水平，而且增加了国人对接触镜的认识，促使接触镜的使用得以普及。

随着接触镜在国内的推广应用，接触镜的教育也越来越受到人们的重视。从20世纪80年代开始，温州医科大学、中山大学、四川大学、北京大学、复旦大学等高等院校不但对眼视光专业学生开设了"角膜接触镜"课程，还经常开设面对眼视光从业人员的接触镜继续教育课程，为我国培养出了一批又一批角膜接触镜专业人才。

## 四、接触镜的发展趋势和展望

镜片的材料和设计一直是接触镜发展的两条主线。

在镜片的材料方面,材料的透氧性是保证角膜健康的关键所在,无论是硅水凝胶材料的运用,还是新型硬镜材料的发明,其目的都是为了提高材料的透氧性。但是,镜片的透氧性只是一个方面,镜片材料的理化性质、生物相容性、表面特性也同样重要,接触镜材料的发展趋势是材料的各种性能得到平衡提高。

在镜片的设计方面,镜片更加趋向个性化,各种不同功能的镜片不断出现,如矫正散光的散光接触镜、矫正老视的多焦接触镜、有美容效果的彩色接触镜、对控制近视发展有一定作用的角膜塑形镜以及治疗角膜疾病的治疗用接触镜等。这些个性化设计的不断发展将会使接触镜的增视、美观、方便、治疗等优点得到更加充分的体现。

# 第四节 装饰眼镜和其他特殊眼镜的发展

## 一、装饰眼镜

现代人戴眼镜已经不再局限于屈光矫正或者防护,越来越多的人选配眼镜是为了修饰和美观,他们更加关注眼镜造型与脸型、肤色、年龄和职业要求的自然融合,更加突出个性化、时尚化,如图1-3-40、图1-3-41所示。

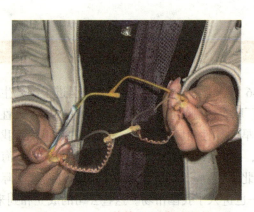
图1-3-40 装饰心型穿边眼镜

图1-3-41 装饰眼镜

## 二、保护眼镜

保护眼镜主要是指太阳镜(图1-3-42)、遮风镜、电焊镜、气焊镜、高炉镜等普通防护眼镜。

## 三、治疗眼镜

治疗眼镜是指用于治疗斜视、弱视等眼屈光异常和眼疾病的眼镜,如图1-3-43所示。

图 1-3-42　太阳镜

图 1-3-43　治疗眼镜

## 四、特殊眼镜

特殊眼镜主要是指各种特殊需要的眼镜,包括望远镜式眼镜(助视镜)(图1-3-44)、折叠眼镜(图1-3-45)、组合眼镜(图1-3-46)、谷歌眼镜(图1-3-47)、3D眼镜等。

图 1-3-44　望远镜式眼镜

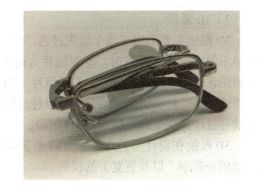

图 1-3-45　折叠眼镜

1)谷歌眼镜

谷歌眼镜是由谷歌公司于2012年4月发布的一款"拓展现实"眼镜,它具有和智能手机一样的功能,可以通过声音来控制拍照、视频通话和辨明方向,以及上网处理文字信息和电子邮件等。

图 1-3-46　组合眼镜

图 1-3-47　谷歌眼镜

2）3D 眼镜

3D 眼镜主要采用了当今最先进的"时分法"，通过 3D 眼镜与显示器同步的信号来实现。当显示器输出左眼图像时，左眼镜片为透光状态，而右眼镜片为不透光状态；当显示器输出右眼图像时，右眼镜片透光而左眼镜片不透光。这样，不同的画面分别显示在左、右镜片前，从而达到了"欺骗"眼睛的目的。通过这样的频繁切换来使双眼分别获得有细微差别的图像，大脑经过计算后生成一幅 3D 立体图像。

3D 眼镜在设计上采用了精良的光学部件，与被动式眼镜相比，3D 眼镜可以实现每只眼睛双倍分辨率（以及更宽）的视角。

# 第二篇
## 我国眼镜各业态经营状况

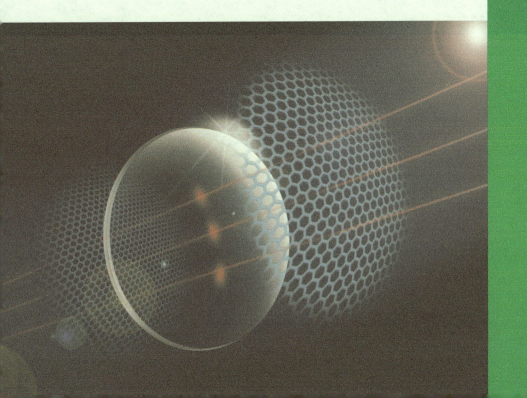

第二章

民事诉讼法的基本原则

# 第一章 眼镜行业的发展与未来

## 第一节 用"生命周期论"把握时代

生命周期就是生命的顺序，从婴儿到少年，再到青年、壮年，最后都无一例外进入老年，这就是生命周期和生命的进程。文明的发展也是如此，例如，埃及在古代曾经缔造过辉煌的文明，但这些往昔的辉煌后来却走向了衰落。我们现在所处的这个时代，是少年还是中年？它正在以何种方式进化、演变？我们现在所说的眼镜行业，目前处于何种阶段，以后将向什么方向发展？这些问题都可以用生命周期论去研究。图 2-1-1 所示是大部分行业遵循"生命周期论"的走势曲线，先是起始期，经历成长期、成熟期、衰落期，最后进入安定期。对于过时黄花，不管高价低定，还是低价高定，都不会再看到有什么发展或衰败的变化，这就是进入了安定期。

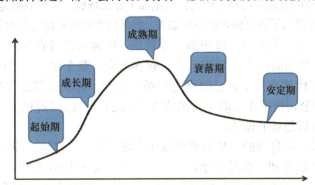

图 2-1-1 "生命周期论"的走势曲线

如图 2-1-1 所示，在各时期的曲线中，成长期的曲线上升得最快，且近似直线上升；成熟期则是上升后下降；当进入衰落期后，呈现的是下降曲线；当曲线下降到一定程度就逐渐停止下降，但也没有上升的趋势，成为一条平滑的横线，这就是进入安定期。

图 2-1-1 中曲线的顶点称为转折点，经过这个转折点后，价值观点会出现反转。

### 一、用"生命周期论"的走势曲线来分析我国眼镜店的发展

在眼镜行业起始期，眼镜店只要具备验光和眼镜加工技术就可以开张营业了，在我国的 20 世纪 80 年代末和 90 年代初就是这种情景。那时，全国的眼镜店非常少，以国营店为主。私营店还处于萌芽状态，其规模和营业面积远远小于国营店。当时，眼镜店售卖的主要商品是玻璃镜片和款式单一、材质普通的镜架。

## 第二篇　我国眼镜各业态经营状况

到了 20 世纪 90 年代中期，我国眼镜行业进入了飞速发展的成长期。在这期间，那些技术能力不强、没有前瞻性、不注重信誉的眼镜店在竞争中渐渐失去了竞争力，而一些重视技术和经营的眼镜店在竞争中逐渐发展壮大，由一间店发展成为区域性或者跨区域的大型连锁店。这段时期是国内私营眼镜店发展壮大的黄金时期。2005 年左右，国外的一些眼镜零售巨头凭借雄厚的资金，通过大规模的收购，在很短的时间内将旗下连锁眼镜店遍布了我国的各大中城市，并引领我国的眼镜行业进入了成熟前期（我国幅员辽阔，各地的发展不均衡，有些城市的眼镜行业还处于成长后期）。

2015 年左右，随着竞争加剧以及网络营销的发展，我国零售行业发生了翻天覆地的变化，眼镜行业也不例外。现在，我国的眼镜行业已经进入了成熟期。具体分析如下：

（1）眼镜行业经过了前几年的飞速发展后，成长速度明显减缓。

（2）高档名牌产品在近几年大量增加，各种高档名牌眼镜已经有几百种。从眼镜行业的内部刊物也可以发现，几乎每个月都有新品牌的高档眼镜出现。

（3）商品品种的增多、竞争的加剧导致打折、减价也成了一种战略战术。

（4）零售市场出现了细分，平价的眼镜直通车和精品眼镜店同时出现，时尚眼镜店和专业眼镜店并存，这是市场发展的趋势。

## 二、用"生命周期论"的走势曲线来分析市场

市场是什么呢？在成长期，由制造商主导市场；进入成熟期后，就由营销商来主导市场了。制造商主导市场时，注重的是如何提高生产力；营销商主导市场后，注重的则是如何给商品定价、如何营销，这也就意味着进入了满足顾客的不同需要，根据顾客的各种情况采取不同营销方式的时代。

在成长期，制造商、批发商、经销商、零售商、顾客可以各自发展。到了成熟期，如果制造商不与批发商/经销商联合，零售商不与顾客联合，整个供应链就可能难以为继。丰田公司在 20 世纪 90 年代就合并了自己的制造与销售部门，这就是制造与批发商/经销商一体联合化的例子；豪雅公司则率先采取了直销的方式（绕开批发商/经销商，直接面向零售商），这是一种顺应市场发展趋势的做法。

在成长期，依靠商品自身的商品力就可以在市场赢得一席之地，即只要把商品摆在店里，就可以卖出去。到了成熟期，商品竞争产生了。产品的品种是多还是少，价格是高是低，商品的品质是优还是劣，高档名牌商品的品种多少，等等，顾客在心中自会做一番比较。此外，顾客对商品的选择理由也各种各样。例如，店铺是否离自己的住处较近，性价比怎么样，等等。这一切都告诉我们，顾客已经在用自己的某种方式和看法对商品进行比较了。这就是当今时代的一个特征——综合比较。

现在，其他行业的一些零售商们已经在利用"个别应对法"来进行经营了，即对不同的顾客推出不同的商品。目前，功能型眼镜的畅销已经说明了行业的变化和发展趋势。所以，在某种程度上，如果眼镜零售店不持续增加售卖一些新产品，势必逐渐失去一批顾客；而对于制造商而言，研发和生产高附加价值的产品将成为趋势。

## 第二节　我国眼镜行业的未来市场走向

众所周知，我国正逐步进入老龄化社会。而且几乎每个人在步入中老年后都会受到老视

困扰。这预示着将会产生一个巨大的渐进多焦点眼镜市场。

此外,正在步入中老年的"70后""80后",其消费观念较之前的"60后""50后"有很明显的不同,他们对自己的生活品质有更高的要求。所以,具有高附加值的商品将更受欢迎。

同时,人们的生活方式和需求也在发生着急剧变化。私家车、高铁、廉价飞机票等改变着人们的出行方式;微博、QQ、微信等改变着人们的沟通交流方式;工作、旅游、商务出差等快节奏、高效率的生活,让人们的生活方式发生了深刻的变化。随着生活方式的改变,人们的用眼需求也在随之变化——配眼镜不仅是为了视物清楚,而是为了迎合多姿多彩的视觉生活。从网购金额的逐年攀升中,我们可以看到人们集中的消费特点——追求方便、快捷。只有给消费者提供更为便捷的服务,或某一产品能够使生活更方便,人们才愿意消费。我们还能从日益频繁的食品健康或者空气质量的新闻报道中感受到,有益于身体健康的服务、产品或生活方式都备受推崇。随着中产阶级队伍的发展壮大,越来越多的人不再将需求停留在吃饱穿暖,而是注重享受生活、提高自己的生活品质。

便捷、健康、美观,这就是目前人们的消费需求。由此可见,眼镜零售店如果能满足人们在这些方面的需求,就会拥有巨大的市场。

### 1. 对便捷的需求

渐进多焦点眼镜,一副眼镜兼顾看远距离、中距离、近距离,为戴眼镜的人带来了很大方便。然而,要配好渐进多焦点眼镜,充分发挥方便这一功能,需要一定的验配技术。这并不是简单验光后进行网购眼镜就能解决的,所以网购对功能型镜片的销售并不能造成冲击。因此,眼镜零售店就应该在这方面锤炼自己的技能,为顾客提供更专业的服务。最近几年,由豪雅公司最新研发并推向市场的无龄感镜片,因其独特的设计、对验配技术没有复杂要求、戴镜者不需要适应期等特点,不管是营业员、验光师还是消费者都很方便。所以,这样的产品以后必定大行其道。

### 2. 对健康的需求

现在,市面上推出了很多种有益于人体健康的眼镜。例如,防蓝光镜片(针对电子产品使用较多的人士)、防紫外线镜片、变色镜片(针对户外活动较多人士)、防疲劳镜片(针对案头工作时间比较长的人士)。这些产品都在一定程度上缓解了戴镜者可能存在的眼睛亚健康问题,让人们在繁重、紧张的用眼后,眼睛依然晶莹明亮、焕发神采。这些功能型镜片是针对眼睛的某一亚健康问题研发生产的,要用好这些镜片,让它们发挥其独特的功能,配镜者一定要先到专业眼镜店进行诊断。例如,某位顾客因为平时以伏案工作为主,经常出现眼干、眼涩等疲劳症状,随便买了一副防蓝光或者抗疲劳的眼镜,戴了一段时间后,发现仍然解决不了问题。经检查后发现,该顾客眼睛的集合能力较差,所以看近距离的时间久了就会眼睛疲劳,应该用棱镜或者集合训练来对症治疗。所以,对眼睛亚健康的诊断是实体眼镜店的特长。

### 3. 对美观的需求

眼镜的大小至少为面部面积的1/4,所以,是否戴眼镜、戴什么样的眼镜直接影响了一个人的形象和气质。在生活中,每一位配眼镜的消费者都希望戴上眼镜后,自己更加有气质、更加有个性,看起来更加优雅或刚毅(图2-1-2)——这是每位戴镜者的心理诉求。对于眼镜零售从业者而言,就应该知道脸型和眼镜如何搭配、眼镜与服装如何搭配,从而帮助顾客选择合适的眼镜。目前,眼镜零售店店员中极少有人能做到这些。如果某家眼镜店的店员积极提升自己,能为每位配镜顾客设计差异化戴镜方案,成为他们的眼镜时尚顾问,那么该眼镜店就能轻松地从众多眼镜店中脱颖而出。

图 2-1-2 人们对美的需求

在未来,眼镜店将转变为至少以下三种模式来进行市场细分:

(1)实体店+网店。这种模式的眼镜店像快速消费品一样专门销售单焦点的、无须复杂验配的、廉价的眼镜。

(2)诊断+处方。这种模式的眼镜店以医学诊断或生活方式的个性化为背景,关注人们用眼健康和符合独特生活用眼问题。

(3)眼镜+时尚。这种模式的眼镜店在通过眼镜来帮助戴镜者矫正视力的同时,更多地通过眼镜来让戴镜者展示他们的多面生活和独特个性。

# 第二章　起始期各业态经营模式

## 第一节　逐渐活跃的眼镜零售

　　1949年以后，一批国营的眼镜零售店相继在人口集中的大城市开业了。在1995年以前，这些国营的眼镜零售店基本采用前店后厂的方式，并在市场中占据了优势地位。随着经营的深入与强化，它们逐渐在人们心目中成为国营老字号眼镜品牌，深得大众百姓的信赖。当时眼镜行业的产量还非常有限，戴眼镜的人也不多，而且配眼镜需要相关技术，传统的师傅带徒弟的模式难以快速培养大量验配技术人员。所以，在1995年以前，我国的眼镜行业还处于市场的萌芽期，人们把眼镜视为小商品，把眼镜制作者视为小手工艺者，且不认为眼镜行业将是一个很大的市场。

　　随着改革开放的深入，在中国小商品的发源地——浙江温州，一批掌握验配技术的人开始走出家乡，走街串巷售卖老视镜，并且给没有能力去大城市配眼镜的人配眼镜。20世纪90年代后，随着国家鼓励个体户商业模式，这些走街串巷的小手工艺者开始在各自相对熟悉的小城市安定下来开个体眼镜店。随后，个体眼镜店像雨后春笋一样遍布全国各地。这些眼镜店的规模非常小，基本都是夫妻店，主要以养家糊口为经营目的。在这一时期，一个城市往往只有一两家可以验配眼镜的店，国营眼镜店常常人满为患（图2-2-1），而个体眼镜店（图2-2-2）只是零售市场的补充。

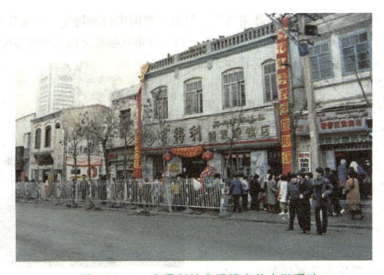

图2-2-1　亨得利钟表眼镜店外人潮涌动

第二篇　我国眼镜各业态经营状况

图 2-2-2　20世纪80年代的个体眼镜店（摊）

　　在这个时期，个体眼镜店的验配服务仅仅是用验光插片进行插片验光。有的店甚至没有单独的验光室，而是在街边店铺柜台旁挂一个视力表，顾客坐下后，店员直接插片，不断调整，直到顾客看清视力表上1.0的字母。这时的插片度数就是配镜度数。那时，既没有电脑验光机，也没有红绿视标等，所以极少能检查出散光度数。在对镜片的测量上，那时也没有我们目前使用的全自动焦度计，有的店使用手动焦度计，差一些的个体店则用弯度计进行简单测量。在老字号的国营眼镜店，为配镜者插片验光前先进行检影验光，有一些老技师的技术非常强，检影度数很准确，对散光的把握也非常准。但那时的人们配眼镜的主要目的是视物清楚，对验配服务没有过多讲究，对款式、颜色更没有什么特别要求。此外，当时生产镜片、镜架的企业有限，且生产技术落后、款式单一、货源缺乏，这些都限制了个体眼镜店的发展。不过，眼镜零售已呈现出蓬勃发展的趋势。

## 第二节　供不应求的眼镜批发

　　随着时代的发展，个体眼镜店越来越多，但囿于我国当时的物流、交通状况，出现了眼镜生产厂家拥有产品，而遍布各地的眼镜零售店却不知道从哪里可以采购到多种产品。于是，眼镜批发市场在全国多个大城市应运而生，如图2-2-3、图2-2-4、图2-2-5所示。

　　眼镜批发商从厂家采购大量的镜片或镜架，在批发市场设立一个摊位，接待来自周边个体眼镜店的采购人员。不过，这时期的生产能力有限，所以市场仍然是供不应求的卖方市场。图2-2-6所示为江苏丹阳的眼镜批发市场聚集了大量的采购人员。当时，谁掌握了货源谁就掌握了交易中的主动权，仅仅在商品的倒买倒卖中就能赚到钱。现在的很多大型眼镜经销商就是从那时的眼镜批发商发展起来的。

图 2-2-3　北京眼镜批发市场

第二章 起始期各业态经营模式

图 2-2-4 广州眼镜批发市场

图 2-2-5 丹阳眼镜批发市场

图 2-2-6 人潮涌动的眼镜批发

## 第三节 作坊式的眼镜生产

在我国眼镜行业发展的起始期，眼镜生产主要集中在私营企业蓬勃发展的江苏丹阳和浙江温州。但当时加工机械落后，生产仍然沿用简单的机械操作和手工相结合的方式（图2-2-7），所以产量不高，工艺也比较粗糙（图2-2-8）。当时有几家眼镜制作工厂比较知名，例如，上海的上海眼镜一厂、上海眼镜二厂，丹阳的万新眼镜厂，北京附近的衡水眼镜厂、辛集华明眼镜厂，但这些工厂生产的眼镜镜片无一例外全部是玻璃镜片。这时，树脂镜片的生产在国内还是空白。

另外，国营的眼镜零售店因为其自身拥有的眼镜生产技术，一直保持着前店后厂的模式，即俗称的车房工厂。这种店后的小作坊主要以生产高难度镜片，如散光度数较高的镜片、近视度数高于6.00D的镜片等。例如，上海的茂昌眼镜、北京的大明眼镜、武汉和成都的精益眼镜等，都是典型的前店后厂的模式。这时期的眼镜生产基本谈不上现代化。由于没有现代化的制作设备，所有的加工制作基本都要借助制作者的精益求精的技艺和丰富的经验，因此，参与生产的人员都是经验丰富、技艺精湛的老师傅,即在这个时期,技术人员工作在生产领域。

图 2-2-7　手工制作眼镜

图 2-2-8　手工制作的眼镜工艺粗糙

# 第三章 成长期各业态经营状况

## 第一节 高速成长的眼镜零售

　　1995年左右，国外的镜片、镜架生产企业进入我国，带来了先进的生产技术和设备，各大眼镜厂开始大规模生产，一下子解决了货源的问题。个体眼镜店在赚取了第一桶金后，为了谋求发展，纷纷开分店，走向连锁。现在比较有名的区域性连锁店都是从那时候起步的。例如，在南方，有广州的东方眼镜、深圳的博士眼镜；在西部，有重庆的千叶眼镜和精益眼镜、昆明的同协眼镜、西安的波涛眼镜；在北方，有吉林的王鹏眼镜、哈尔滨的美视达眼镜、石家庄的康明眼镜、安阳的亨达利眼镜；在东部，主要是上海的吴良材眼镜。在世纪之交，这些区域性连锁眼镜公司在当地占有绝对市场地位。在这个时期，我国的眼镜零售行业还有一件引人瞩目的事件：1997年，台湾的宝岛眼镜（图2-3-1）在武汉开设了第一家店，随后，宝岛眼镜在福州、厦门开设连锁分店，开始了在全国零售布局的脚步。现在，宝岛眼镜在大陆的分店已经突破了1 200家，是亚洲最大的华人眼镜连锁企业。

图 2-3-1　宝岛眼镜

　　在我国眼镜行业的成长期，私营个体眼镜店得到了飞速发展，其经营特点是：只要有资金开设分店，进行零售网点的布局，就有生意。在店内的经营方面，主要是硬件投资。例如，购买先进的验光设备（图2-3-2）、加工设备（图2-3-3），进行整洁明亮的装修布置，以此吸引消费者光顾。但是，眼镜零售还是有一定技术壁垒的。为了跟上资本快速扩张的脚步，人才技能的培养显得尤为迫切。于是，眼镜行业的职业教育也得到了蓬勃发展。但是，当时的眼镜零售商急迫要掌握的仅仅是基本的眼睛屈光检查，或者如何使用这些国外先进的验光设备、加工设备。他们在对店铺的经营管理上还处于粗放的经营模式。

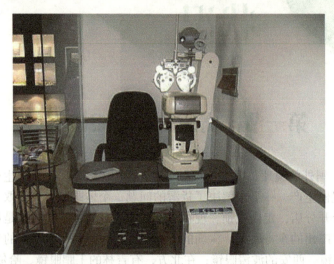

图 2-3-2　店内半自动综合验光仪

图 2-3-3　店内手动和半自动加工设备

随着国家的发展，国营眼镜店在改制大潮中主动或被动地接受了"手术"，有的改制成功，开始了新的征程，有的则关门倒闭。改制成功并在目前仍然散发活力的国营眼镜公司最有名的莫过于上海三联集团（图 2-3-4）、成都精益眼镜公司（图 2-3-5）、北京大明眼镜公司（图 2-3-6）。上海三联集团隶属于百联集团，其上海茂昌总店仍然保留前店后厂的模式，可以根据顾客的特殊需要定制高难度镜片，有很多其他城市的消费者慕名前来配镜。成都精益眼镜公司的经营面积超过 4 000 m$^2$，分别设立了隐形眼镜验配中心、太阳镜专区、学生配镜专区、文化广场、VIP 会所、渐进多焦点验配中心、眼镜质量检验中心、客户服务中心。北京大明眼镜公司是北京著名的中华老字号企业，是率先把国际著名眼镜品牌引进和介绍给我国消费者的商家之一，也是国内老字号眼镜店最早开展连锁经营的企业之一，目前连锁店总数近 70 家，是开设连锁店最多的国营眼镜店。

第三章　成长期各业态经营状况

图 2-3-4　上海三联集团旗下的茂昌眼镜公司

图 2-3-5　成都精益眼镜公司

图 2-3-6　北京大明眼镜

总之，不管是个体眼镜店还是国营眼镜公司，在这个时期都得到了空前发展，其经营规模、验配服务水平、店铺环境等都得到了大幅提升。另外，店与店之间的竞争也初露端倪，不过还远远没有引起经营者的重视。

## 第二节　走出去的眼镜经销与代理

眼镜零售的发展离不开整个供应链上各业态的发展，由于在这一时期仅仅把货物从生产厂家搬到眼镜批发市场就能赚到钱，所以越来越多的人从事眼镜批发，竞争也随之越来越激烈。

有的个体批发商为了获得更多的订单，其经营模式不再局限于之前的被动等待，而是招聘业务人员去零售店，了解零售店主的需求，然后组织货源送货上门。在有了批发商送货上门的服务后，亲自到批发市场进货的眼镜零售店主越来越少。于是，其他批发商纷纷效仿，不久，很多专门从事眼镜销售的业务员出现了。

眼镜零售店的供应商越来越多，眼镜行业出现了新的竞争。为了能够在零售店的众多供应商中脱颖而出，拿到零售店的更多订单，一些批发商和国外的一些镜片、镜架品牌洽谈，成为品牌代理。

然而，知名品牌公司为了彰显自己品牌的理念、价值，对代理公司的规模、人员设置、员工水平等都有一定的要求。为了能取得代理权，很多个体批发商纷纷注册公司，组建自己的销售团队，成了眼镜经销商。取得代理权后，有了国外先进的管理理念的介入，随着销售渠道的拓展，这些经销商升级为有一定市场规模的眼镜销售（或代理）公司。

我国最早进行名牌眼镜代理的公司是广州诚益眼镜公司。当时，该公司代理了夏蒙、古驰等国际知名镜架品牌，生意非常好，很多零售店都要先付款才能预定商品。后来，很多经销商纷纷效仿，用自己开拓的销售渠道网络吸引国外知名的镜架、镜片品牌。国外的品牌商由于对我国还不够了解，自己开拓销售网络非常艰难，所以他们也看中了经销商的销售渠道，双方一拍即合，为国外品牌在我国打开销路插上了翅膀。

这些国外品牌中，有卡地亚（Cartier）、弗雷德（Fred）、迪奥（Dior）、古驰（Gucci）、普拉达（Prada）、万宝龙（Montblanc）、菲拉格慕（Ferragamo）等，如图2-3-7所示。这些大牌镜架借助其服饰、珠宝品牌在消费者中有很高的知名度，受到消费者追捧。通过国内代理商的销售渠道，这些奢侈品牌镜架进入全国各地的眼镜零售店。

图 2-3-7　国际大牌眼镜架

第三章　成长期各业态经营状况

## 第三节　走进来的眼镜生产

在眼镜行业的起始期，前店后厂的生产模式只能解决特殊镜片的定制，虽然当时也有一些镜片、镜架的生产企业，但是眼镜生产技术落后、产量低，致使眼镜店的货源紧缺，严重制约了眼镜零售的发展。一些国外先进的眼镜生产企业嗅到了这一商机，纷纷在我国设厂。最早走进我国的镜片生产企业是美国苏拿公司。当时，该公司在我国的工厂率先生产出了树脂镜片。然而，当时的树脂镜片技术刚起步，推向市场的树脂镜片尚未经过加硬处理，和人们之前使用的玻璃镜片相比，虽然轻了很多，但是非常容易划伤，不耐用，而当时消费者的消费能力有限，不可能做到经常更换。所以，苏拿树脂镜片在当时一直被零售店诟病，销售状况不佳。

1995年，全球第二大树脂镜片公司——日本豪雅集团，带着当时最先进的树脂镜片生产线到广州经济技术开发区建厂（图2-3-8）。他们对生产出的树脂镜片进行了加硬、加膜处理，改善了树脂镜片硬度不高、容易刮花的问题，增强了镜片的耐用性，而且加膜处理让镜片的透光性能更强。至此，树脂镜片的性能远远超过了玻璃镜片，并在1997年的北京眼镜展会上令大家耳目一新。然而，其价格高于玻璃镜片不少，让人咋舌。短短几年后，随着豪雅优质树脂镜片在全国零售店的推广，在配镜人数不变的前提下，销售树脂镜片能带来更高的营业额。所以，眼镜零售店销售的镜片逐渐由玻璃镜片改为树脂镜片，而加硬树脂镜片则开始大行其道。1999年以后，在眼镜零售市场中玻璃镜片已经很少出现了。

图2-3-8　日本豪雅集团在广州建厂

紧跟日本豪雅集团的脚步，全球第一大镜片生产商——依视路眼镜公司，在上海设立了生产工厂（图2-3-9）。德国老牌光学公司——卡尔蔡司光学，也在广州萝岗区设立了卡尔蔡司光学（中国）有限公司（图2-3-10），并于1998年4月22日正式投产，总投资额达3 000万美元，占地面积5.8万平方米，拥有员工700余人。到2000年，世界三大树脂镜片公司均已在我国建立了量产工厂，全力开拓我国的眼镜市场。

图 2-3-9　上海依视路光学有限公司

图 2-3-10　卡尔蔡司光学（中国）有限公司

在这一时期，国内的镜片生产企业以江苏丹阳为主要生产基地，引进了国外的生产设备和技术，也开始了大规模生产。其中，规模和产量名列前茅的有：成立于1997年的上海明月光学眼镜有限公司（图2-3-11），始创于1996年的上海康耐特光学股份有限公司（图2-3-12）；而江苏万新（图2-3-13）则是从之前司徒镇上的一个手工作坊，经过在这一时期的现代化改造，升级变成了一家集镜片、镜架生产于一体的集团公司。这些民族企业生产的镜片覆盖了从低折扣、中折扣到高折扣、超高折扣的所有单焦点镜片，这些镜片不仅在国内销售，还走向了国际市场，使中国一跃成为树脂镜片生产大国。

在镜架生产方面，最早进入我国的国外镜架生产企业是日本野尻眼镜工业株式会社，其在上海投资兴建了我国眼镜行业第一家中外合资工厂，生产的镜架以高端材料钛合金或纯钛为主。与此同时，在深圳、温州、厦门等地陆续出现了众多的镜架生产企业。但和国际大品牌镜架相比，当时的国产品牌镜架基本上都是大众产品（往往模仿大品牌的镜架产品）。在

第三章　成长期各业态经营状况

这一时期，我国的镜架设计和镜架品牌营销远远落后于西方国家。所以，我国在当时仅为眼镜生产大国，而不是眼镜生产强国。

图 2-3-11　上海明月光学眼镜有限公司

图 2-3-12　上海康耐特光学股份有限公司

图 2-3-13　江苏万新

国外的接触镜品牌公司也在这一时期进入了我国。北京博士伦眼睛护理产品有限公司于1991在北京市工商行政管理局登记成立（图 2-3-14）。在之后的十多年间，该公司始终保持市场占有率第一、销量第一，且销售额逐年递增，连续十年被评为"北京市十佳外商投资企业"。该公司于1997年通过了ISO9002国际认证，是同行中第一家通过此项生产、销售、管理系统化标准的公司。卫康隐形眼镜公司成立于1992年（图 2-3-15），是专业生产高档系列隐形眼镜和配套产品的光学公司，当时的销售区域遍布全国各省、市、自治区。博士伦和卫康是这一时期的两大强势品牌。

图2-3-14 博士伦隐形眼镜产品宣传画面

图2-3-15 卫康隐形眼镜产品宣传画面

# 第四章 成熟前期各业态经营状况

## 第一节 竞争逐渐激烈的眼镜零售

我国的眼镜行业经过近十年的飞速发展（尤其是眼镜零售店的迅速扩张）后，呈现出只要在人口聚集的地方就会有眼镜店。在一个社区内，店与店之间的竞争逐渐升级，但小范围内的竞争还没有引起行业波动。

2005年，欧洲最大的眼镜行业投资公司——荷兰HAL Investments Asia B.V进入我国，以2.14亿元收购了上海红星眼镜公司（图2-4-1）78%的股权。后来，红星眼镜改名为观视界（图2-4-2）。

图2-4-1 红星眼镜

图2-4-2 红星眼镜被收购后改名为观视界

## 第二篇　我国眼镜各业态经营状况

很快，旗下拥有众多全球知名镜架品牌的意大利的Luxottica集团也进入了我国，并以1.69亿元收购了北京雪亮眼镜有限公司（图2-4-3）、以1.4亿元收购了上海现代光学有限公司、以2.9亿元收购了广州明廊眼镜技术有限公司（图2-4-4），然后将这些品牌全部更名为亮视点（图2-4-5）。其资本之雄厚、扩张之迅速，震动了整个眼镜行业。

图2-4-3　雪亮眼镜

图2-4-4　明廊眼镜

图2-4-5　亮视点

在这样的市场环境下，一些区域性连锁眼镜店也逐步走向了全国，如宝岛眼镜、博士眼镜、千叶眼镜、斯维卡眼镜、英伦眼镜等。宝岛眼镜凭借其在台湾积累的管理经验，一直在内地进行零售布局，秉持品质、技术、满意三大保证和专业服务的经营理念，确保消费者不仅戴镜舒适，更享有高性价比的优质产品，经过在大陆十几年的经营，获得了消费者信赖和肯定，是目前国内连锁最成功的零售企业。

在零售店规模扩大的同时，眼镜零售价格也在逐年攀升。原来配一副眼镜一般需一两百元，现在配一副普通眼镜需要四五百元，中高档眼镜则价格上千元，甚至出现了价格上万元的眼镜。因此，很多消费者认为眼镜行业是暴利行业。其实不尽然。因为随着我国经济快速发展，商铺的各项费用也急速上升；另外，近些年眼镜产品的科技发展也不容小觑，眼镜价格的上升是很正常的经济走向。不过，有的零售店借着这一大众认识开创了一种新的眼镜零售模式——平价眼镜。平价眼镜店的宣传策略就是：平价眼镜卖得不贵，但不贵并不代表质量差，因为平价眼镜店并不是开在临街旺铺，而是在临街的二楼或三楼，这样铺租明显降低，眼镜就不会那么贵了。平价眼镜零售模式的出现引发了新一轮的竞争。

随着眼镜零售店越来越多，每个眼镜零售店的客流量越来越少。为了顺利完成营业额，以应对越来越高的房租和人工费用，眼镜零售店往往采用提高配镜单价的方式。但是，如果没有高附加价值的镜架和镜片，仅提升零售价格是违背市场规律的。所以，具有高附加价值的非球面镜片和各种设计的功能型眼镜镜片开始在零售店的销售中占据重要份额，非球面镜片几乎在一夜之间代替了球面镜片，各种设计的渐进镜片、防疲劳镜片等陆续通过零售店走向了消费者。但这些功能型镜片的售卖对眼镜零售店店员的技术要求越来越高，如果验配技术掌握得不好，选择的目标消费人群不合适，就会引起消费者投诉。所以，开眼镜零售店的技术壁垒也越来越高。

## 第二节　蓬勃发展的眼镜经销与代理

随着人们对生活品质的不断追求，国外大牌眼镜产品受到追捧，眼镜经销商的代理业务也随之增加。在此期间，眼镜的经销与代理得到了蓬勃发展，并开始市场细分，出现了各种品牌的镜片代理商、镜架代理商、隐形眼镜代理商、太阳眼镜代理商等等。一般来说，经销代理商都是以省份作为代理区域，深耕细挖零售渠道，把厂家的产品分散到全国各地的零售店中。

值得一提的是，这个时期的经销代理商之所以能蓬勃发展，除了正处于我国眼镜行业的成长期（天时）之外，他们还具备了区域地理优势（地利）以及对区域内零售客户的熟悉（人和）。他们派业务员几乎跑遍了各大小城市的大街小巷，把产品信息带到了全国的零售眼镜店。每一家经销代理公司都有自己的销售渠道，经销代理商通过销售渠道把产品和服务从生产厂家传递到零售店。为了维护并扩大销售渠道，眼镜经销代理商还常组织厂家的技术人员（或培训人员）到眼镜零售店进行员工产品知识培训（图2-4-6），组织眼镜零售店的店主出国旅游以及举办年终客户答谢会等（图2-4-7）。

第二篇　我国眼镜各业态经营状况

图 2-4-6　经销代理商组织的厂家产品培训

图 2-4-7　经销代理商的年终客户答谢会

## 第三节　创新设计下的眼镜生产

在成熟期，眼镜行业已经完全进入了买方市场。生产厂家将在成长期积累的资金投入到了生产线上来扩大生产，所以生产厂家越来越多，产量也迅速增加，导致大量产品积压。生产厂家为了吸引零售店采购自己的商品，不得不求新、求变，增加产品的附加价值。一些外资企业把国外优质创新的产品生产线引进到国内，而国内的厂家则到国外购买新技术、新设备，努力提升产品的附加价值。

## 第四章　成熟前期各业态经营状况

在镜片生产领域，国际三大树脂镜片品牌——豪雅、依视路、蔡司都引进了非球面镜片生产线，并提升了镜片镀膜技术，把硬度更高、透光性能更强的镜片推向市场。球面镜片与非球面镜片的视觉对比如图 2-4-8 所示。

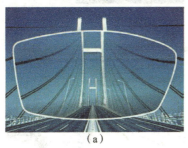 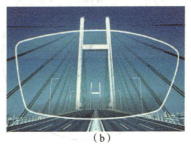

（a）　　　　　　　　　　　　　　　　（b）

图 2-4-8　球面镜片与非球面镜片的视觉对比
（a）球面镜片；（b）非球面镜片

为了满足日益增长的电子产品使用人群保护眼睛的需求，镜片企业纷纷推出了防蓝光镜片，如豪雅的蓝御镜片（图 2-4-9）、依视路的爱赞镜片（图 2-4-10）。为了应对雾霾天气，镜片企业推出了防尘镜片，如豪雅的 VG 膜层（目前最好的高硬度防尘、防静电镜片）。中国老龄化社会趋势的加剧，促使生产厂家加长了对渐进多焦点镜片的研发和生产投入，以应对未来庞大的中老年人群的配镜需求。豪雅渐进镜片宣传介绍如图 2-4-11 所示。

图 2-4-9　豪雅蓝御镜片宣传画面

图 2-4-10　依视路爱赞镜片宣传画面

## 第二篇  我国眼镜各业态经营状况

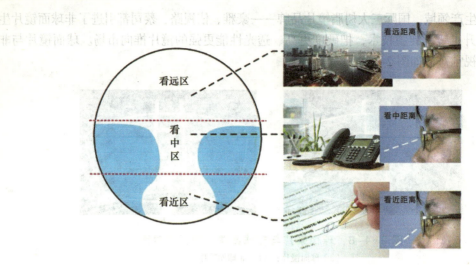

图 2-4-11  豪雅渐进镜片宣传介绍

民族企业（如万新光学、明月光学、康耐特光学）也陆续引进了高端镜片生产线。由于国内一直以来没有镜片光学设计的土壤，也从未涉足镜片光学设计领域，大学的视光教育则偏重于验光配镜技术，所以这些民族企业的所有镜片的新型设计技术都是向国外大公司购买的。从总体来讲，国内镜片企业的生产技术要落后国际三大树脂镜片公司。

同样，各品牌的镜架生产也有优劣之分。我国有三大镜架生产基地：深圳、温州和丹阳。相对而言，深圳的镜架生产基地生产的镜架品质最高。深圳是国外品牌在我国代加工的主要生产基地，由国外品牌镜架公司提供镜架设计、代加工企业进行生产，然后通过代理渠道销往全国各地的零售店。

2010 年以后，韩国的时尚眼镜品牌陆续进入我国，加剧了行业竞争。

随着国外品牌代理商销售的品牌镜架越来越多，销售额快速增长，拥有国外奢侈品牌版权的国外公司看到了我国市场的巨大潜力，纷纷收回代理权，在我国开设分公司进行眼镜销售。当时，轰动眼镜行业的有日本的夏蒙公司和拥有 Ray-Ban、Bvlgari、Burberry、Chanel、Dolce & Gabbana、Donna Karan、Prada、Versace & Polo Ralph Lauren Vogue、Persol、Arnette、Revo 等许多国际顶尖品牌的 Luxottica 集团（图 2-4-12）。这让人不禁感叹知识产权的重要性，也让人们醒悟：不应该在眼镜生产大国的光环下沾沾自喜，要努力发展成眼镜强国。

在隐形眼镜方面，国外品牌博士伦、强生基本上占据了高端市场。"博士伦"一度成为老百姓心中对隐形眼镜的代名词，在消费者心目中占有一席之地。强生公司在 1988 年生产出了世界上最早的更换型隐形眼镜——强生两周更换型隐形眼镜（ACUVUE），变革了视力矫正产品行业。另外，强生推出的美瞳彩色隐形眼镜（图 2-4-13）几乎成了市场上所有彩色隐形眼镜的代名词。我国的隐形眼镜品牌以海昌的市场占有率最高。海昌最早是美国的品牌（图 2-4-14），后来被台湾的金可集团收购，成立了海昌隐形眼镜公司。海昌隐形眼镜的产量、产值及市场占有率自 2009 年起一直稳居行业前列。

第四章　成熟前期各业态经营状况

图 2-4-12　Luxottica 集团旗下品牌

图 2-4-13　强生美瞳开创了彩色隐形眼镜新时代

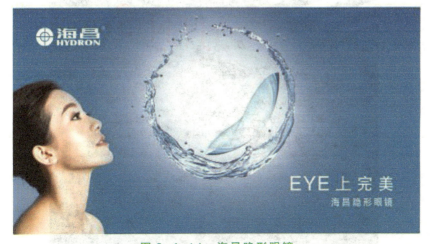

图 2-4-14　海昌隐形眼镜

# 第五章 成熟期各业态经营状况

## 第一节 百花齐放的眼镜零售模式

到了2015年,眼镜行业各业态已经经过了成长期和成熟前期的快速增长,竞争趋于白热化,大家觉得生意越来越难做。有的眼镜连锁店为了能获得更高的利润,凭着自己连锁店多、采购量大的优势,开始越过区域代理商和经销商,向厂家直接采购或者到厂家贴牌生产(OEM)。但一段时间以后,大家发现这并不能解决增长停滞不前的根本问题。各种培训、论坛层出不穷,大家都想从大咖处获得灵感,找到零售增长的灵丹妙药。这时,以日本的佐夫(Zoff)(图2-5-1)、睛姿(JINS)(图2-5-2)为代表的快时尚眼镜进入我国并得到了快

图2-5-1 Zoff快时尚眼镜店

图2-5-2 JINS快时尚眼镜店

## 第五章 成熟期各业态经营状况

速发展，它们以其高质量的产品、超优质的服务、丰富多样的产品系列、时尚的款式、平民化的价格赢得了众多消费者的青睐，开启了有别于传统眼镜零售店的快时尚经营模式。

另外，由于电子屏幕的频繁使用，眼睛近视的儿童越来越多，家长纷纷带孩子去医院进行验光检查，尤其是在节假日，医院的配镜部更是人满为患（图2-5-3），这标志着以医疗为背景的眼科视光门诊的崛起。在全国很有影响力的眼视光门诊有天津市眼科医院（图2-5-4）、北京同仁医院（图2-5-5）、爱尔眼科医院（图2-5-6）、温州医学院眼视光医院（图2-5-7）以及中山大学中山眼科中心（图2-5-8）。这些医院有着深厚的医学技术底蕴，并且在视光理论研究和视光技术方面经常和国外专家展开交流，频繁参与国际眼视光学术会议，所以这些眼科医院基本上代表着中国眼视光技术的最高水平。这些医院对患者推行以医学验光和科学配镜为核心的完整验光配镜服务理念，提供专业的视光检查、医学验配（框架眼镜含功能型眼镜的验配，接触镜含软性接触镜、硬性接触镜的验配）、视功能检查和训练、视疲劳检查、弱视/低视力康复、眼部保健咨询等服务，也提供权威、科学、规范的诊治及精准、舒适、持久的验光配镜体验。这些医院的视光师、验光师均有视光专业或医学相关专业教育背景，并经统一培训、严格考核合格后才能出诊，保证了专业水平的一致性。在验光检查的过程中，

图2-5-3　广州中山眼科的视光门诊大厅

图2-5-4　天津市眼科医院

图 2-5-5　北京同仁医院

图 2-5-6　爱尔眼科医院

图 2-5-7　温州医学院附属眼视光医院

第五章　成熟期各业态经营状况

图 2-5-8　中山大学中山眼科中心

如果发现患者仅屈光不正（近视、远视、散光），及无眼疾且需要配镜，则可以直接验光配镜。如果在验光检查过程中，发现患者的视力不能提高至正常，则会将其转诊到医院的眼科门诊进一步诊疗。这样做，能对患者的眼部进行彻底的检查治疗，并能预防一些重症眼科疾病的发生。正是因为有这样完整的验光诊疗体系，所以越来越多的家长带着孩子到这些有医疗背景的视光中心进行验光配镜。

和医院视光中心人满为患的现状相比，商业街上的眼镜店则分外冷清。有的眼镜店店主看到了这一巨大差距，便开始注重验光配镜的专业性，让眼镜店员工在工作之余参加专业培训，并在验光服务中增加了视功能检查的项目，甚至申请有医疗资质的营业执照，期望把自己的店打造成视光中心；有的店主主抓追逐时尚的年轻人的市场，把自己的店按照快时尚的模式打造；有的店主开始探索网上配镜模式；等等。至此，眼镜零售模式开始分化。目前，眼镜零售大致表现为以下四个方向：

1）专业导向

传统的连锁眼镜店在坚守专业配镜的同时，加强员工专业能力，提供比以往更加专业的服务。医院所属的眼科或视光中心在自身专业服务的基础上加强了经营的灵活性，在验光配镜的市场中成了耀眼的明星，尤其是在眼镜店无法涉足的角膜塑型镜（图 2-5-9）领域更具有权威性，并占据了垄断地位。

图 2-5-9　顶部平坦的角膜塑型镜

## 第二篇　我国眼镜各业态经营状况

2）时尚导向

快时尚零售模式，款式变化多样、迭代迅速、价格大众化，风格深受年轻人喜爱。另外，在快节奏的时代，传统眼镜店几天（甚至一个星期）的配镜等待期显得有些不合时宜。快时尚眼镜店不超过 30 分钟便可取镜，极大地方便了消费者。随着越来越多的年轻人将眼镜当成饰品用于修饰脸型或者表现自己的某种气质，以往一些售卖化妆品的小店也开始售卖彩妆隐形眼镜和太阳眼镜。这些无关乎视力，只与装饰有关。此外，还出现了一些售卖国际大牌镜架和太阳眼镜的品牌集合买手店，专门迎合喜欢名牌的人士。

3）渠道导向

随着网络购物的盛行，业内业外的一些人士都在探索眼镜的网络销售。目前，在网上销售的眼镜主要是隐形眼镜、镜架和太阳眼镜。网络销售眼镜经营得最好的是 INMIX 音米（图 2-5-10）和可得眼镜网（图 2-5-11）。INMIX 音米创立于 2010 年 12 月，是北京明通四季科技有限公司旗下的品牌，目前在线上的销量保持每年 100% 以上高速增长，并于 2015 年启动线下实体零售店。可得眼镜网是由上海可得电子商务有限公司全力打造的专业电子商务平台，是中国领先的网上眼镜商城。它利用强大的眼镜行业集团采购价格优势、专业的电子商务管理服务经验和最先进的互联网技术提供最新隐形眼镜、太阳眼镜及眼镜相关附件产品。可得眼镜网自主开发了目前国内最先进易用的眼镜在线模拟试戴系统，并参照国际先进经验独创的商品分类、智能查询、直观的网站导航和简洁的购物流程等，打造了一流的网上购物体验。

图 2-5-10　INMIX 音米官网首页

图 2-5-11　可得眼镜官网首页

第五章　成熟期各业态经营状况

随着移动互联的应用以及手机购物 APP 的盛行，玩转网络销售的投资经营者们还做了很多专卖眼镜的 APP，如图 2-5-12 所示。这些 APP 中最受欢迎的是马夫眼镜（图 2-5-13）。马夫眼镜除了在线销售眼镜以外，还有预约上门验光服务，并承诺在配镜完成后 24 小时内发货。马夫眼镜 APP 主要售卖的是 99～2 999 元的眼镜商品套餐，以年轻人喜欢的时尚镜架为主，镜片大多数是单焦点的已制作好镜片。

总之，在网上购买眼镜的主要是年轻群体，所以这些网站以及 APP 售卖的产品也多是针对这一群体的。儿童、中老年人士去实体店配镜的居多，因为这两个群体进行配镜检查通常比较复杂，并不是网上购镜时的简单验配就能解决的。

图 2-5-12　各种眼镜销售 APP

图 2-5-13　马夫眼镜 APP 首页

4）价格导向

目前，平价眼镜店依然广泛存在，同时也出现了专门售卖高端眼镜的零售店，其中最有名的就是溥仪眼镜。溥仪眼镜搜罗世界各地的顶级眼镜品牌，把世界上最独特、另类、富有时尚品位的眼镜款式展示给顾客。这种崭新的"概念店"经营模式，给顾客带来了新鲜时尚感。

总之，眼镜零售店在新零售的浪潮下，不断进行市场细分，其经营模式也在不断创新，以便更好地适应时代的发展。

## 第二节　夹缝中的眼镜经销与代理

眼镜行业发展到成熟期后，竞争愈发激烈。在被多渠道严重分流后，进店配镜的消费者越来越少，实体店营利越来越困难。零售店在提升配镜单价的同时，尽量压低供应商的批发

第二篇　我国眼镜各业态经营状况

价格，或者越过批发商与经销商直接向厂家采购商品。有的厂家也非常愿意与零售店直接交易，因为没有批发商/经销商赚取差价。所以，这时的批发商/经销商是在夹缝中求生存，市场逼迫他们加强对零售店的服务，尤其是厂家做不到的或者觉得不值得投资的服务。只有体现出价值，才能不被时代抛弃。批发商/经销商应想方设法给予零售店更好的服务。例如，订货时随叫随到，定期帮助零售店盘点库存，对滞销的或者流动率低的货物及时更换、调整，派人到零售店帮助售卖货物，甚至帮助零售店解决消费者投诉，等等。

零售商所需的服务主要为以下两方面：

（1）能帮助零售店进行消费者营销，吸引客流，加大促销投入，让消费者产生购买行为。

（2）能帮助零售店做好内部管理，提高经营效率。

要做好这两方面的服务，已经不仅仅是投入一些资金或者货物就可以做到，而是要求营销创意和经营方式的植入。要做到这些，离不开人才的培养和投入。例如，要有帮助零售店解决投诉的专业人员、帮助眼镜店售卖的销售或市场人员。由于很多经销商是白手起家，大部分没有很高的学历背景，如果不吸收一些外来的人才或者投入资金培养一批人才，是难以走出这个夹缝的。换一个角度来说，如果厂家能够提供零售店所需的这两个方面的服务生产，而中间经销商不能提供，那么中间经销商就完全没有了价值。如果在整个商业价值链中没有价值，市场就会将其淘汰。

## 第三节　数字化技术推动下的眼镜生产

随着工业4.0到来，数字技术逐渐应用到了眼镜的研发和生产中，这让光学设计师设计出各种功能型产品的生产成为可能。所以，各种设计的眼镜镜片（甚至根据配镜者的眼睛和镜架相对位置等数据结合的个性化眼镜）被生产出来了。

这些个性化功能产品的出现离不开一个划时代的镜片研磨设备——FreeForm自由曲面研磨机，如图2-5-14所示。这种机器采用点对点的旋转车床进行研磨。该研磨方法与传统研磨相比有两大优势：

图2-5-14　FreeForm自由曲面研磨机

（1）精准度大大提高。

（2）镜片表面非常光滑，从而大大降低了镜片的晃动感。

这种新型的FreeForm自由曲面研磨机相当于一个机器人，机器的研磨部分就相当于机械手。这种机械手非常灵巧精致，控制机械手运动的是机器人的芯片大脑，芯片大脑的程序编写是根据镜片设计者对每种镜片的不同设计来定制的。所以，FreeForm电脑数控技术能够淋漓尽致地表达镜片设计师在镜片上的各种复杂的设计。正是因为这一技术，镜片的设计生产进入了一个新时代。以前，生产镜片要花费大量资金进口具有不同功能设计的镜片坯料。随着FreeForm自由曲面研磨机在各生产工厂逐渐普及，现在不管制作什么功能设计的镜片，都可以采用单焦点镜片坯料，只要设计好镜片磨制程序，就可以定制镜片，大大提高了镜片生产的效率。

为了更贴心地服务顾客，生产厂家给眼镜零售店配备了个性化数据采集仪TRUEVIEW（图2-5-15），可以采集看远数据（镜眼距、眼镜的倾斜角、瞳距、瞳高）（如图2-5-16）、看近数据（如图2-5-17）等。采集的这些数据通过网络迅速发送到工厂，工厂即可对数据进行测算并开始加工研磨镜片。

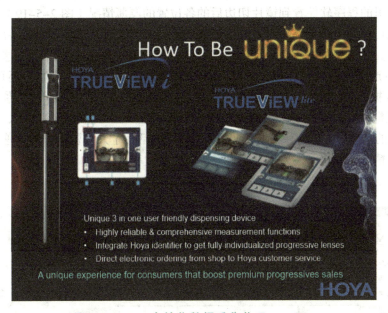

图2-5-15　个性化数据采集仪Tureview

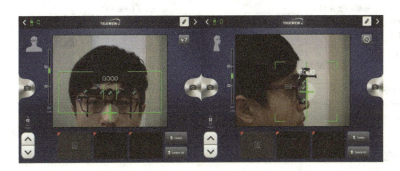

图2-5-16　采集看远数据

## 第二篇　我国眼镜各业态经营状况

图 2-5-17　采集看近数据

此外，还有一种线上营业销售系统（图 2-5-18）。顾客在选择了镜架后在选择镜片时，可以通过电脑里的程序软件看到镜片切边后的各位置的厚薄情况（图 2-5-19）。如果顾客对此不满意，就可以更换其他品种的镜片。这样就可以避免直到眼镜制作完成后，顾客才发现不如想象的好。在顾客选择完成后，眼镜店工作人员就把顾客的配镜数据输入这个系统并通过网络发送到生产厂家，下订单生产（图 2-5-20）。工厂制作出镜片后，还可以根据顾客的镜架形状数据对镜片进行切边，然后把切好边的镜片通过发送快递寄到零售店。零售店将镜片装进镜框就可以了。这个系统可以把零售店和生产工厂直接互联起来，让镜片工厂直接代替零售店的镜片加工。这种线上营业销售系统有效活用了人力资源，并改善了店铺环境，让镜片的加工精度标准化，大大提升了整个供应链的效率。

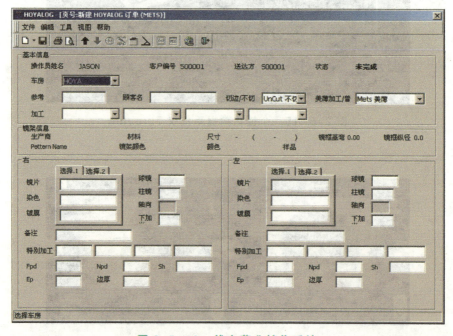

图 2-5-18　线上营业销售系统

第五章　成熟期各业态经营状况

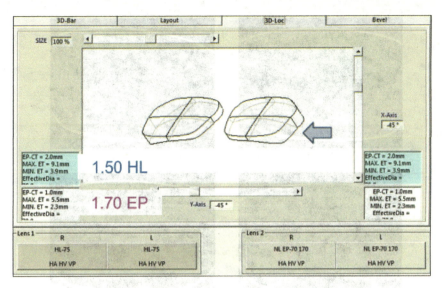

图 2-5-19　在系统中可以看到模拟切边后的镜片厚度

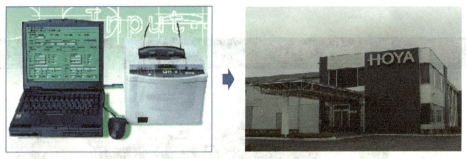

图 2-5-20　通过网络将配镜数据发送到工厂进行加工

　　镜片的个性化定制除了应用在镜片设计方面以外，还利用数字化应用在了膜层上。豪雅公司独创了图案膜层（图 2-5-21），可以把顾客的头像或者签名（或者喜爱的各种图片）镀在镜片的膜层上。顾客在眼镜店配这种有图案膜层的镜片时，提供一张不小于 1M 的电子图片，店家把顾客的配镜数据以及该电子图片发送到生产厂家。生产厂家在进行镜片镀膜时，采用数字写真技术把该电子图片镀到镜片膜层上。镜片做好以后，正常来看与不加图案膜层的镜片没什么不同（因为它有非常高的透光率），只是当镜片膜层的绿色反光落到观察者眼中时，才能看出图案。该技术一经推出，就受到了追求个性化、独特性人士的追捧。

　　镜架在生产方面也走上了数字化的道路，尤其是在镜架的设计以及镜框与镜脚加工成型方面。数控设备的应用让左右两个镜圈的相似度几乎达到100%，鼻托、脚套和人的鼻梁，以及耳后的贴合度更好，戴起来更加舒适。国外还出现了 3D 打印的镜架，在使用脸部扫描仪对脸部正面和侧面进行扫描后，配镜者选择自己喜欢的款式和颜色，机器就可以马上进行3D 打印，制作出独一无二的最为个性化的镜架。另外，为了解决网购镜架不能试戴的问题，镜架生产厂家开发出了虚拟眼镜试戴 APP（图 2-5-22），只要下载这个 APP 就可以在每个人的移动端随时随地挑选镜架。

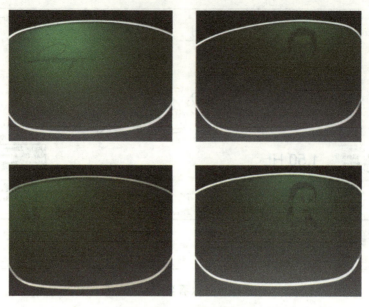

图 2-5-21　图案膜层

图 2-5-22　眼镜推荐试戴 APP

一直以来，接触镜生产的数字自动化程度比较高，尤其是对于车削成型的软性接触镜。电脑控制的车床对干燥纯净的 PHEMA 复合聚合物进行切削，先完成内表面切削成形，再固封、切削前表面，双面切削完成后，将其水合成软性接触镜。这种工艺生产的软性接触镜表面不带电荷、不易粘连、吸附蛋白沉淀，易操作、定位好，尤其适合喜欢戴接触镜但有散光的消费者。最初生产的接触镜因为无法解决散光轴定位的问题，所以喜欢戴接触镜但有散光的戴镜者，只得把散光加到球镜上。而数字化切削解决了散光轴定位的问题，让接触镜生产技术前进了一大步。目前，散光接触镜（图 2-5-23）的品种越来越多。

图 2-5-23　散光接触镜

眼镜行业的发展还在继续，不管我们处于哪个业态、哪种模式下，我们都应该顺应社会经济的发展，看清发展趋势，善于学习，顺势而为，这样才能成就一番事业。

# 第三篇
## 眼镜与名人

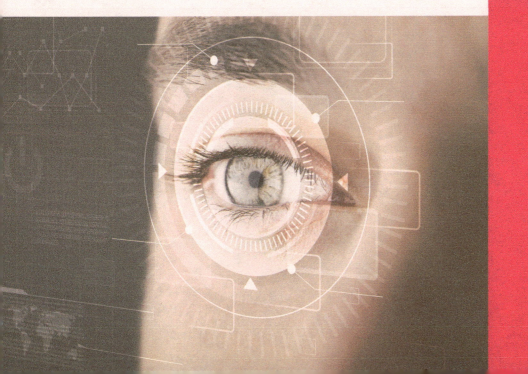

## 제3장
## 人力의 抑制

# 第一章 框架眼镜与历史名人

### 1. 罗杰·培根（Roger Bacon）

罗杰·培根（约 1214—1293 年），英国具有唯物主义倾向的哲学家和自然科学家，实验科学的前驱，知识广博，素有"奇异的博士"之称（图 3-1-1）。

在 13 世纪中期，罗杰·培根看到许多人因视力不好而看不清书上的文字，就想发明一种工具来帮助人们提高视力。为此，他想了很多办法，做了不少试验，但都没有成功。

在一天雨后，培根来到花园散步，看到树叶上沾了不少雨珠。他发现，透过雨珠看树叶的脉络，叶脉看起来大了不少，而且连树叶上细细茸毛都能看得非常清晰。他看到这个现象，高兴极了，立即回家找了一颗玻璃球进行尝试。但是，透过玻璃球看书上的文字，还是模糊不清。他又找来金刚石和锤子，将玻璃球切割成小块，拿着这块玻璃球的小块看书上的文字，文字果然被放大了。对于试验的成功，培根欣喜若狂。

后来，他又在一块木板上挖出一个圆洞，将玻璃球的切块装上去，再在木板上安上一根木柄，这样人们阅读、写字就方便多了（图 3-1-2）。培根为人类的文明进步做出了巨大的贡献。

图 3-1-1　罗杰·培根

图 3-1-2　用于阅读的放大镜

### 2. 马可·波罗（Marco Polo）

马可·波罗（1254—1324 年）（图 3-1-3），13 世纪意大利的旅行家和商人。他在 17 岁时跟随父亲和叔叔，沿陆上丝绸之路，经两河流域、伊朗高原、帕米尔高原，历时四年，在 1275 年到达元朝大都（今北京）。

马可·波罗在中国游历了 17 年，并担任过元朝的官员，访问了当时中国的许多地方，还到过云南和东南沿海地区。当时，元朝宫廷里有人戴眼镜，马可·波罗对此很感兴趣，他回

## 第三篇　眼镜与名人

国时就把眼镜带到了西方。另外，在马可·波罗的游记中还有老年人戴眼镜阅读小字的记载。

### 3. 孙云球

孙云球（1628—1662年），字文玉，或字泗滨，江苏吴江县（今为吴江市）人，明朝末年光学仪器制作家（图3-1-4）。

眼镜在元朝已经出现，但是价格昂贵，非普通人能使用。在明朝，眼镜仍是珍贵的稀罕之物，到了明末，杭州成为我国早期眼镜制作的中心。孙云球在年轻时就去杭州学习了制镜技术，他还接受了利玛窦等西方传教士传入的几何、物理等科学知识，经过自己制作眼镜的实践积累和探索，最终掌握了"磨片对光"技术，创造性地用水晶材料磨制成了镜片（图3-1-5），还创造了用于磨制镜片的牵陀车。

图3-1-3　马可·波罗

图3-1-4　孙云球

图3-1-5　水晶镜片

经他一番悉心研究改进后，"磨片对光"技术得到了很大提高。他能根据眼疾患者的年龄、疾症而有针对性地配镜，"以年别者老少花，以地分者远近光"，为患者配到合适的镜片。

孙云球还制作出了存目镜（图3-1-6）。用这种镜来观察物体，"百倍光明，无微不瞩"，能将极细小的东西，看得清清楚楚。

他还发明了万花镜，这种镜会将一个像变成多个，有些类似于今天的万花筒。另外，察微镜也是孙云球的发明之一。如果将存目镜认为是一种简单显微镜，那么察微镜应该就是一种复合显微镜。

值得一提的还有半镜。这种半镜，不

图3-1-6　存目镜

## 第一章 框架眼镜与历史名人

是现代意义上的双焦点眼镜,它应该是一种半圆盘形的眼镜,即在镜框中仅有下面半块透镜,戴镜者眺望远方时可以直接通过上部,而不必借助镜片。这种形式的眼镜现在有时还能看到,特别适合老视者使用。孙云球当时制作出这种眼镜来,是一个制镜进步。

此外,孙云球还磨制过多面镜、夜明镜、幻容镜、鸳鸯镜、放光镜、夕阳镜等等。这些仪器性能和用途各异,但均"巧妙不可思议"。

孙云球总结多年的制镜经验,写成了科技著作《镜史》。这本书的问世,对后世光学仪器制作技术的影响很大。英国剑桥大学教授、著名科学家李约瑟将孙云球的创造发明及其成就写进了他的专著《中国科学技术史》中。孙云球的制镜术(特别是他的著作《镜史》)对苏州的眼镜行业发展产生了深远的影响,苏州因而发展成为全国眼镜制作的中心。

### 4. 本杰明·富兰克林(Benjamin Franklin)

本杰明·富兰克林(1706—1790年),出生于美国波士顿,是美国著名的政治家、科学家,同时也是出版商、印刷商、记者、作家、慈善家,更是杰出的外交家及发明家(图3-1-7)。他是美国革命时期的重要领导人之一,参与了多项重要文件的草拟,曾出任美国驻法国大使,成功取得法国支持美国独立。本杰明·富兰克林曾经进行过多项关于电的实验,并且发明了避雷针。本杰明·富兰克林是共济会的成员,被选为英国皇家学会院士。他也曾是美国首位邮政局长。

他本人身患近视和老视,于是,他在1784年发明了老年人用的远近视两用眼镜(双焦距眼镜),既能看清楚近距离的事物又能看清楚远距离的事物。远近视两用眼镜如图3-1-8所示。

图3-1-7 本杰明·富兰克林

图3-1-8 远近视两用眼镜

### 5. 托马斯·杨(Thomas Young)

托马斯·杨(1773—1829年),英国医生、物理学家,光的波动说的奠基人之一。他不仅在物理学领域名享世界,而且对艺术颇有兴趣。托马斯·杨是一个将科学和艺术并列研究、对生活充满热爱的天才,几乎可以这样说:他生命中的每一天都没有虚度。

## 第三篇　眼镜与名人

托马斯·杨曾被誉为是生理光学的创始人。他在1793年提出：人眼里的晶状体会自动调节，以适应所见物体的远近。他也是第一个研究散光的医生（1801年）。他还提出，色觉取决于眼睛里的三种不同的神经，这三种神经分别能感觉红色、绿色和紫色。后来，亥姆霍兹对此理论进行了改进。该理论在1959年被实验证明。

### 6. 高德

1843年上海开埠后，西方眼镜随着外国人定居上海逐渐被国人熟知。西方眼镜的镜片以玻璃为原料，经技术验光后用机械研磨，镜架选用轻质金属。相对于我国当时的眼镜，西方眼镜光度准、款式新，与我国的老式眼镜区别明显。

清朝光绪末年，上海有一个叫高德的英国商人，看到上海没有用西方科学方法验目配镜的商店，就从国外运来了验光仪器、研磨镜片的机器及新颖的眼镜商品，开设了一家高德洋行，经营验光配镜业务。他招收了一批有文化懂英文的中国工人，对其培训，使他们成为第一批掌握西方配镜技术的中国人。从这以后，西方眼镜开始进入我国并逐渐被普通中国人接受，配镜业务也渐渐扩大。

### 7. 欧文·阿威兹（Owen Aves）

最常见的镜片就是单焦点镜片，镜片上只有一个光度，是单纯的球面或者合并散光成分的透镜（图3-1-9）。双焦点镜片就是双光镜片（图3-1-10），以前很多老年人用双焦点镜片来解决看远同时看近的视力问题，但该镜片本身有重大缺点。

图 3-1-9　单焦点镜片

图 3-1-10　双焦点眼镜

# 第一章　框架眼镜与历史名人

　　1907年，美国人欧文·阿威兹首次提出了将镜片的镜度渐进变化的构想，这标志着一种全新的视力矫正概念的诞生。渐进多焦点镜片的设计初衷是为老视患者提供自然、方便和舒适的矫正方式。使用渐进多焦点镜片，就像用摄像机摄像，一副眼镜既可以看清远距离物体，又可以看清近距离物体，还可以看清中距离物体。所以，我们又把渐进多焦点镜片形容成"会变焦的镜片"。这种特殊镜片的设计灵感来源于大象鼻子的形状，镜片前表面的曲率从顶部到底部连续地增加，可以使眼镜的屈光力发生相应的变化，即屈光力从镜片上部的远用区逐渐连续地增加，直至镜片底部的近用区达到近用所需的屈光度（图3-1-11）。

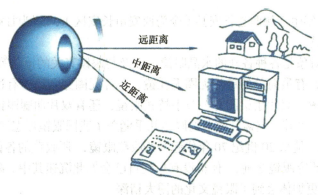

图3-1-11　使用多焦点镜片视物

## 8. 梅特纳兹（Maitenaz）

　　1951年，法国人梅特纳兹在欧文·阿威兹这一构思的基础上，借助现代科技设计和制作的创新，设计出了第一款可用于临床的渐进多焦点镜片（图3-1-12）。

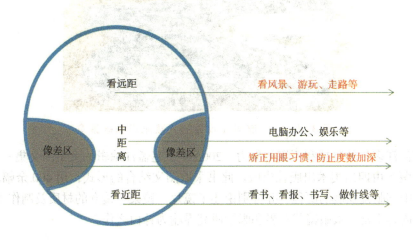

图3-1-12　渐进多焦点镜片

　　1958年，在经过多次改进和对加工工艺进行了大量研究后，梅特纳兹设计的第一款渐进多焦镜片试戴成功，并在巴黎国际眼科大会上正式推出（图3-1-13）。

　　1959年，第一款渐进多焦点镜片首次投入商业市场，大获成功，成为世界视光史上的一座里程碑。这种渐进多焦点镜片在视觉矫正概念上的创新使它赢得了世人的关注，不久就被推广到整个欧洲大陆和北美洲。

## 第三篇　眼镜与名人

图 3-1-13　渐进多焦点眼镜

### 9. 赵孟江

赵孟江，1943年生于陕西省长安县（今为西安市长安区），现为甘肃省收藏协会理事、中国收藏家协会会员。

赵孟江的收藏对象是各种各样的水晶眼镜，以及与眼镜有关的镜盒等物品（图3-1-14）。这些眼镜形态各异，有最简单的单片无圈无孔镜、单片无圈穿孔镜，有过渡时期的双片镶梁圈无关节手持式眼镜、双片镶梁圈有关节手持式眼镜，还有双片曲腿眼镜，以及接近现代眼镜的双片直腿眼镜，等等。赵孟江收藏的眼镜几乎涵盖了我国眼镜形态演变的整个历程。

据赵孟江介绍，他从20世纪70年代起开始收藏眼镜，所收藏的各种各样的眼镜藏品近千件。在开始收藏研究眼镜之前，他也没有想到自己会如此沉迷其中。随着对眼镜的研究越来越深入，自己也更加体会到了眼镜文化的博大精深。

图 3-1-14　赵孟江收藏的几款眼镜和眼镜盒

经过赵孟江多年的坚持和不懈的努力，2003年，赵孟江编辑的大型图文集——《中国眼镜历史与收藏》由四川美术出版社出版。此书采取图文结合的形式，用400余幅珍贵的眼镜图片阐述了中国眼镜发展的历程，并分别论述了镜片、镜架、镜盒的材质及制作工艺的演变，资料翔实，内容丰富，被眼镜收藏界和眼镜研究界喻为补白之作。

# 第二章　接触镜与历史名人

### 1. 达·芬奇（Leonardo di ser Piero da Vinci）

达·芬奇（1452—1519年），意大利人，欧洲文艺复兴时期的天才科学家、发明家、画家（图3-2-1）。现代学者称他为"文艺复兴时期最完美的代表"。他最大的成就是绘画。他认为：自然中最美的研究对象是人体，人体是大自然的奇妙之作品，画家应以人为绘画对象的核心；人类对艺术与科学的认识过程同样"要以感性经验为基础，而且是以最高贵的感觉——视觉为基础"，"我们的一切知识来源于知觉"。

达·芬奇不仅在艺术、科研上取得巨大的成绩，在生理解剖学上也取得了巨大的成就，被认为是近代生理解剖学的始祖。他掌握了人体解剖知识，并从解剖学入手，研究了人体各部分的构造。他最先用蜡来表现人脑的内部结构，是设想用玻璃和陶瓷制作心脏和眼睛的第一人。

图3-2-1　达·芬奇

达·芬奇歌颂眼睛和视觉。他认为：以视觉为基础的绘画最适于描绘物体的形态美和揭示自然现象的规律。

1509年的一天，达·芬奇把头伸进盛满水的半球形玻璃缸向外看，发现原本看不清的物体变得清晰了。达·芬奇介绍并描绘了接触镜的草图，提出了把镜片直接戴在眼睛上的想法，首先描述了将玻璃缸盛满水置于角膜前，用玻璃的表面替代角膜的光学功能。正是这样一个偶然，达·芬奇开创了接触镜的历史，成为了接触镜理论的创始人。

### 2. 阿道夫·尤金·菲克（Adolf Eugen Fick）

阿道夫·尤金·菲克（图3-2-2），德国眼科专家，在1851年获得马尔堡大学医学博士学位。

当时，有人提议将充满水的软管直接附着于眼球表面。但是，这面临着一个大难题——无法眨眼。还有人提议用头巾将软管隐藏于眼皮之下，将软管固定，并在软管中填充动物胶质。很遗憾，这些想法都无法通过实际测试。其间，还有许多人将种种疯狂想法付诸实践，但试验的结果依然是徒劳无获。

直到1888年，阿道夫·尤金·菲克将玻璃镜片制成了

图3-2-2　阿道夫·尤金·菲克

大于角膜的角巩型镜片，用于矫正视力。菲克的设计初衷是希望帮助那些患有圆锥形角膜的病人，这类病人的眼睛角质层呈圆锥形。该镜片可以使患者的角膜变得平坦，但没有提升视觉的效果。这一设计的确对圆锥形角膜有几分成效。菲克还采用人尸体眼睛制作石膏模型，用于测试玻璃镜片模具。在完成对六人的试验之后，他还对自己的眼睛做了试验。试验表明：当时的镜片对人眼造成刺激，人眼最多只能戴一个小时。

### 3. 奥古斯特·缪勒（August Müller）

奥古斯特·缪勒，德国人，发明了世界上第一片真正意义上的接触镜。陈浩在其编著的《角膜接触镜验配技术》一书中所述"Müller 曾宣布，在 1887 年，他们给患者戴上了部分透明的玻璃保护壳套。"

与前两位不同的是，Müller 是第一位研制屈光矫正作用的医生，他本人高度近视。他将接触镜镜片后表面制成与角膜前表面相似的形状。这种镜片与眼睛接触后可以矫正他高达 14D 的近视。他认为，泪膜的虹吸作用可以使镜片吸附在角膜上，并可以通过改进镜片边缘翘起来改善泪液循环。他在 Kiel 大学的就职演讲中描述了他的发明，并称之为 "contact lens"。

### 4. 凯文·托赫（Kevin Tuohy）

1948 年，美国视光师凯文·托赫在加工巩膜镜片时，不慎将巩膜部分和角膜部分分开了（其实就是做坏了一片镜片），但他当时想的却不是赶紧为客户重新加工一片镜片，而是突发奇想，将做坏了的角膜部分抛光，并戴入自己眼中。他发现这样戴着还挺舒服，更重要的是这个小镜片并没有像之前以为的那样从眼中滑脱出来。这个偶然发现使他明白，镜片其实不必覆盖整个眼白。随后，凯文·托赫抛弃了原来的玻璃镜片，转而使用一种透明的塑料，将镜片的边缘抛光，使镜片更加精巧。这种改良后的镜片即使是在人眨眼之后，还能保持在原来的位置。改良后的镜片直径仅覆盖角膜（甚至比角膜更小），厚度较薄，人可以较为舒适地戴一整天。自此，一种能在临床推广并作为矫正患眼屈光不正的接触镜真正诞生。

这一发明的影响极大，它彻底改变了接触镜的历史。但它仍存在着以下缺点：

（1）镜片可能对眼角膜造成磨损。这显然对眼睛不利。

（2）新的镜片边缘有点翘。这意味着镜片任何时候都有可能脱落。

### 5. 奥托·威特勒（Otto Wichterle）

奥托·威特勒（1913—1998 年），被誉为"软性接触镜之父"（图 3-2-3），捷克斯洛伐克科学家。1935 年，他在布拉格化学技术学院获得化学博士学位并留校任教。在纳粹德国占领期间，所有的大学都被迫关闭。幸运的是，威特勒在世界著名的制鞋公司 Bata 鞋业谋得了一份工作，从事合成高分子方面的研究，并取得了一系列重要成果。

第二次世界大战结束后，威特勒回到了布拉格化学技术学院继续任教，几年后升为教授。20 世纪 50 年代末，他离开布拉格化学技术学院，参与创建捷克斯洛伐克科学院下属的高分子化学研究所，并担任第一任所长。

在对多种材料进行筛选后，他发现，聚甲基丙烯酸羟乙酯（HEMA）有可能成为新的接触镜镜片材料。于是，

图 3-2-3 奥托·威特勒

# 第二章 接触镜与历史名人

他很快试制出使用聚甲基丙烯酸羟乙酯水凝胶的接触镜。正如他所预料的,这种接触镜戴起来更加舒适。但是,他很快就发现了一个很严峻的问题——这种接触镜的生产效率太低。经过不断尝试,他终于发现了一种可行的方法——旋转涂抹法(简称:旋涂)。

1961年圣诞节前夕,奥托·威特勒在家中用从儿子的玩具中拆下来的零件和其他部件搭建了第一台使用旋涂生产接触镜镜片的装置。圣诞节的下午,他将反应物注入这台简陋的装置中。随着马达的转动和温度的升高,接触镜镜片被成功地生产出来了。仅仅一周,他和妻子就用旋涂的方法加工出了几百片接触镜镜片。用这种方法得到的镜片,边缘光滑且没有瑕疵。

1971年,博士伦公司成功通过美国药品食品管理局的审批,将这种新型接触镜投入市场,很快获得巨大的成功。这种软性接触镜以其舒适、易戴深受戴镜者的欢迎(图3-2-4)。

图3-2-4 目前深受戴镜者欢迎的软性接触镜

# 第四篇
## 眼镜与美

# 第四章
## 关于家具

# 第一章 眼镜的美

## 第一节 眼镜的造型美

眼镜早已不仅仅是用于矫正视力的医疗器具,而是一种面部饰品,通过与服饰、化妆品的完美搭配,改变我们的形象。眼镜具有强烈的感染性,通过自身的材料、色彩、形状、纹理的变化,以及有生气、有律动、有内涵、有神韵的整体造型(图4-1-1、图4-1-2),引起我们对所经历事物的感知,唤起我们对美好生活的想象,令人产生精神上的愉悦感。

图4-1-1 不同造型的眼镜

图4-1-2 不同眼镜的美感

## 第四篇 眼镜与美

所以,眼镜的造型既要满足消费者对时尚的要求,又要满足人们对个性化的需求,通过造型赋予眼镜以灵魂和生命。

### 一、眼镜造型的基本因素

在眼镜造型中,最基本的因素就是点、线、面,通过对这些因素的设计,构成了眼镜丰富多彩的造型美。

#### 1. 点

点一般是借助色彩、材质、形状对整体形象造成的对比和反差表现出来的。相对于眼镜的整体造型,眼镜表面的方钉、饰件、接点、商标等都可以视为点(图4-1-3)。点在视觉上往往可以起到画龙点睛的效果,打破单调、平静,引起生动活泼的感觉。

图 4-1-3 点的运用

#### 2. 线

线是眼镜造型中最常用、最基本的因素,有一些金属眼镜架基本就是由线组合而成的。线有丰富的表现力。例如,直线显得坚硬;竖线显得挺拔;横线显得平实;斜线显得有力;折线显得生硬;曲线显得流畅。波浪线、蛇形线被誉为最美的线条,因为它们灵活多变显示为曲折旋转。垂直线在镜架造型中运用得较少,主要运用在镜架的桩头处。一般来说,镜架的上边缘是最传神的位置,水平线能使人显得成熟稳重,曲线和弧线能使人显得多姿多彩、意蕴丰富(图4-1-4)。

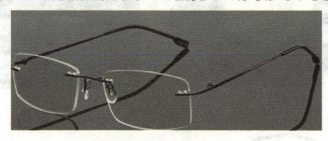

图 4-1-4 线的运用

#### 3. 面

点与线综合起来就形成了面,所以,在眼镜造型中,某些面与点、线并没有绝对的界限。一些眼镜的鼻梁、横梁、镜腿侧面也可以形成面的视觉效果(图4-1-5)。特别是在塑胶镜架、混合镜架中,面的运用比较多。

图 4-1-5 面的运用

# 第一章 眼镜的美

## 二、造型美的基本规律

造美的活动中不仅熟悉和掌握各种形式因素的特性,而且对各种形式因素之间的联系进行研究,总结出了一些眼镜形式美的法则。这些形式美的法则并不是固定不变的,它有一个从简单到复杂,从低级到高级的发展过程。在眼镜各种形式美的法则之间既有区别又有密切联系。

### 1. 单纯整齐

在生活中,蔚蓝的天空、明亮的阳光、碧绿的湖面使我们产生明净、纯洁的美。平整的麦田、动作一致的仪仗队体现的就是一种整齐美。如果没有明显的差异和对比因素,就会形成一种单纯素颜的简约之美,如图4-1-6所示。

图4-1-6 简约之美

### 2. 对称均衡

对称就是以一条线为中轴,左右或上下两侧均等。我们的身体、美丽的蝴蝶、庄严的天安门都有一种对称美。对称具有安静、稳定的特性。

均衡就是两侧的形体不相同,但是给人的感觉是大体相等的,如图4-1-7所示。均衡比较灵活,可以视为对称的一种变体。在均衡中,我们可以感受到动与静的调和。在眼镜造型中,利用不对称的均衡法则,可以打破传统,给人以时尚的美感,使人印象深刻。

图4-1-7 不对称的均衡美

### 3. 比例与尺度

眼镜的各个组成部件、装饰因素之间的大小比例关系是决定眼镜造型美的关键。在对眼镜造型比例适度把握的同时,还应该考虑眼镜的实用功能和审美功能的有机统一。伴随着人们审美标准的多样性,对于眼镜造型的比例和尺度,我们只能做较宽泛的界定,如上宽下窄、上粗下细等。

### 4. 对比协调

对比是由多个在形、质、量、态上有较大不同的要素组合在一个统一体中所产生的现象。在眼镜造型中，我们见到的粗与细、大与小、虚与实、明与暗、轻与重、粗糙与光洁等都是对比的现象。

#### 1）线的对比

线的对比有曲线与直线、粗线与细线、长线与短线等，如图 4-1-8 所示。

图 4-1-8　线的对比美

#### 2）明暗的对比

明暗的对比是利用明暗和色彩的反差形成对比的效果（图 4-1-9）。

图 4-1-9　明暗对比美

#### 3）材质的对比

材质的对比是利用材料在质感上的不同形成对比的效果。例如，在金属塑胶混合镜架的造型中，塑胶与金属丝在质感上形成对比，如图 4-1-10 所示。

图 4-1-10　材质对比美

# 第一章 眼镜的美

### 4）和谐美

对比要在整体的和谐中才能产生美感。和谐的眼镜造型最好是以一种要素作为基调（图4-1-11），过多的对比会使造型显得杂乱、繁复，反而会破坏协调和统一。

图4-1-11 和谐美

## 第二节 眼镜的色彩美

色彩是构成美的必不可少的因素。当观赏一件物品时，色彩对我们的视觉造成印象，激发出我们的情感，或喜欢或厌恶。火红的太阳、蔚蓝的天空、翠绿的草原、金黄的田野，这样绚丽多彩的世界，是因为有了色彩的装饰。色彩作为美的感性外观，是不可或缺的。

单就色彩本身而言，也可以成为独立的审美对象，引起人们的审美感受。人类在长期生产实践中凭借对色彩的经验去认识世界、传达信息，赋予它一定的生活意义和情感意味，并逐渐规范化为独立的审美对象，以至于在表现某些情感方面色彩已远胜形状。那日出的霞光以及爱琴海的碧蓝色彩所传达的情感，恐怕是任何确定的形状也望尘莫及的。

眼镜的色彩就像人的肤色。在色彩的选择上，应注意不同民族长期积淀而形成的某些习惯。一般来说，红色是一种热烈兴奋的色彩；绿色是一种生机勃勃、欣欣向荣的色彩；黄色是一种明朗、温暖的色彩；蓝色是一种宁静的色彩；白色是一种纯洁的色彩；黑色是一种深沉、严肃的色彩。当然，在不同民族和不同时代，或不同场合甚至不同年龄和性格的人，对色彩的感觉也不是完全相同的。

## 一、眼镜色彩的对比和空间感

色彩没有美丑之分，只有通过对比，眼镜色彩的个性和特点才会显现出来，才能产生不同美感的视觉效果。可以说，没有色彩的对比就没有眼镜色彩的美。

### 1. 色相对比

色相对比是色彩对比中最单纯、最强烈的对比形式。色相对比的强弱取决于色彩在色环上的位置，有补色对比、三原色对比、三间色对比、全色对比等表现形式（图4-1-12）。

### 2. 明度对比

以色彩的明度为主要对比语言，可以选择同一明度不同色相，或不同明度同一色相（或不同色相）进行对比。图 4-1-13 所示眼镜的色彩就是综合利用了明度、色相的对比，使人感觉古典中带有新意。

图 4-1-12　十二色相环　　　　　　　　图 4-1-13　明度对比

### 3. 纯度对比

纯度对比是由高纯度鲜艳色与低纯度晦暗色构成的对比。在强化纯度对比时，常采用面积较大的低纯度与面积较小的高纯度进行对比，色彩鲜明而不过于热烈。图 4-1-14 所示的镜架通过色彩纯度的对比变化，更加表现出了镜架晶莹剔透的质感。

图 4-1-14　纯度对比

### 4. 面积对比

面积对比是强调在画面占统治地位的色彩与占从属地位的色彩之间的对比。占统治地位的色调（或称为主色调）占了整体的大面积，而其他色彩只是陪衬作用，处于服从地位，如图 4-1-15 所示。

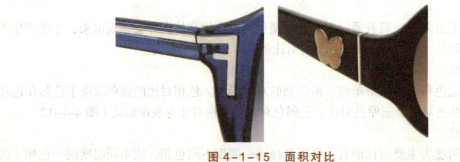

图 4-1-15　面积对比

### 5. 色彩对比

明度高的色彩给人一种向前进的感觉，明度低的色彩给人一种向后退的感觉。
暖色给人一种向前进的感觉，冷色给人一种向后退的感觉。
高纯度色给人一种向前进的感觉，低纯度色给人一种向后退的感觉。
色彩整块给人一种向前进的感觉，色彩零散给人一种向后退的感觉。
色彩面积大给人一种向前进的感觉，色彩面积小给人一种向后退的感觉。
规则图形给人一种向前进的感觉，不规则图形给人一种向后退的感觉。
一副精美的镜架，其色彩美感是多种因素和谐组织在一起形成的。

## 二、眼镜的色彩美

人们戴眼镜，不仅要视物清晰，而且要表现出时尚、彰显个性，突出一种装饰的美。眼镜色彩的变化满足了现代人求新、求奇、求变的心理，体现出了亲和力和诱惑力。

### 1. 红色

红色有着积极、奔放、有活力的个性。红色在表现休闲风格时，有着与众不同的魅力。

红色会令人觉得过于耀眼，所以应注意与服装和化妆色彩之间的过渡协调，不宜用强烈的对比色。若喜欢红色，但不希望张扬，可以尝试用流行的双色镜来协调，挑选一些类似图4-1-16所示的细框来平衡。

图 4-1-16　红色镜架

### 2. 金色

金色辉煌，高贵且典雅，是永恒的华贵色彩。在金色镜腿上用耀眼的水钻来点缀，或是用复古的镂空旋出曼妙风情，都是时尚的主色调。对于略宽的富有质感的非金属框架，金色能同时打造出多种风格，演绎的不仅仅是华丽和炫目。

细框的金色金属镜框，营造的是优雅的知性形象，是品位与身份的最好诠释，适合都市白领。在休闲时，同样的金色主题也可以加入时尚元素。

### 3. 黑色

黑色可以彰显个性，有一种令人震撼的另类的美（图4-1-17）。现在，黑框板材眼镜盛行，而黑色胶框与金属的结合则成为另一亮点，能让我们在个性中彰显尊贵。

图 4-1-17　黑色镜架

时尚人士可以尽情玩转黑色胶框镜，但黑色搭配有一定的局限性，肤色偏黑者不宜轻易尝试。如果想在黑色中加点跳跃的色彩，可以在黑与白、黑与红的搭配上进行选择，都将成为流行的热点。黑色外框搭配黑白大理石条纹，会使人看起来很"炫"。

#### 4. 绿色

绿色，一直以来象征着自然、和谐、清新。现在，添加了军人色彩的军绿色成了时尚主色调。军绿色融入了男性粗线条的美感，在细节上结合了阳刚之气。军绿色不仅适合男性，也适合女性，能表现出现代女性的刚柔并存，如图 4-1-18 所示。

图 4-1-18　绿色镜架

绿色与灰色或白色搭配，能给人稳健正派的观感。选择一款军绿色的、拥有浓重质感的眼镜，绝对是时尚的主要载体。

#### 5. 紫色

紫色，是浪漫优雅的代言词（图4-1-19）。选择淡紫色或粉紫色，皮肤白皙是首要的条件。对于偏深的紫色，略黑肤色也可以尝试。选择紫色系眼镜（图 4-1-19）时，可以配合过渡的紫红色，再搭配烟灰紫色调的眼妆，能让人显得恬静而华丽。

图 4-1-19　紫色镜架

#### 6. 蓝色

蓝色有很多种，纯清的湖水蓝、醇郁的海水蓝、暗沉的宝石蓝，蓝色早已成为色彩中的新贵。蓝色是最能演绎不同风格的色彩（图4-1-20）。

图 4-1-20　蓝色镜架

肤色较黄的人在选择蓝色系镜架的眼镜时须谨慎，如果选择较纯净的蓝色，会显得不太协调，给人一种很突兀的感觉。

## 第三节　眼镜的材质美

眼镜分为镜架和镜片两部分，各有不同的材质。眼镜的材质美只是眼镜形式美中的一个因素。材料本身缺乏有机性，如果没有设计师的匠心独运，便无法在眼镜的王国里保持它的地位。我们可以在一根线条或一个框架这些最基本的元素中发现生命的跳动，但我们在材料方面永远也找不到独立美的价值。只有当材料与镜架互相配合之后，它们才能显示出美的意义所在。

### 一、镜片的种类

眼镜片的种类繁多，我们通常根据镜片的材质和用途来分类。

#### 1. 按材质分类

镜片的材质可以分为三大类：水晶（图4-1-21）、玻璃（图4-1-22）、树脂（图4-1-23）。

图 4-1-21　水晶镜片

图 4-1-22　玻璃镜片

图 4-1-23　树脂镜片

1）水晶

水晶是一种天然的石英晶体,主要成分为二氧化硅。水晶属于中低档宝石,从宝石角度看,水晶可以分为市净、市行、小棉、中棉和大棉("棉"是指晶石中的石棉效果)五等。市净最优,大棉最劣。现在市场上的水晶主要是有天然水晶和人造水晶,其中人造水晶根据制作的方法不同又分为熔炼水晶和生成水晶。水晶比重较大、硬度高,不易加工,对红外线、紫外线的阻挡和吸收不如玻璃。天然水晶往往存在双折射,材质不均匀,且价格昂贵。所以,在作为镜片材料方面,水晶已经逐渐被玻璃和树脂代替。

2）玻璃

用于制作镜片的玻璃为光学玻璃。光学玻璃片可以分为无色和有色两类。其中,无色光学玻璃片分为光白片和高折射率片;有色光学玻璃片分为有色玻璃片、光学克斯片、光学克赛片和变色片。

(1) 光白片一般用于平光、近视、远视、散光和双光(包括多光)镜片的制作加工。如果在光白片材料中加入钛、铈的氧化物,镜片就可以吸收 330 nm 以下波长的紫外线,这类镜片又称为 UV 光白片。这种镜片适合野外工作人员、驾驶员、计算机操作人员等使用。

(2) 高折射率片又称超薄片,是一种含氧化铅的火石玻璃。由于其折射率高,在同等屈光度情况下镜片弯度要浅一些,镜片厚度较薄,镜片质轻而美观,因此适合高度数镜片的制作和加工。

(3) 有色玻璃片是在无色光学玻璃片中加入各种着色剂后制成的,从而呈现灰色、绿色、蓝色、红色、黄色等颜色。有色玻璃片主要用作护目,使眼睛不受有害射线的侵蚀。

(4) 光学克斯片简称光克片,它是在钡冕玻璃的基础上添加铈、钛、锆等的氧化物后制成的,能吸收 340 nm 以下波长的紫外线。光克片在白炽灯下呈浅紫红色,在日光下呈浅蓝色,这种现象称为双色效应。光克片在日光下呈浅蓝色,故又称克斯蓝片。光克片一般用于加工平光镜片,近、远视镜片,三光片和双光片(包括多光镜片),颜色较深的还可以用作太阳镜镜片。光克片特别适合野外工作人员、驾驶员、计算机操作员等使用。

(5) 光学克赛片简称光赛片,它是在钡冕玻璃基础上添加锰、铈等的氧化物后制成的,能吸收 350 nm 以下波长的紫外线。光赛片呈浅粉红色,故又称克赛红片。光赛片适用范围同光克片。

(6) 变色片的全称为光致变色玻璃片,它是在无色或有色玻璃材料中添加卤化银等物质后制成的。当镜片被光线照射时,卤化银分解成银和卤素,镜片颜色由浅变深;当光线变暗时,

## 第一章 眼镜的美

银和卤素相结合，镜片又回到原来的无色或基色的状态。常用的变色片有茶变和灰变两种。若再加入钕、镨等元素，镜片还会出现蓝色、灰色变化和粉红、茶色变化。变色片一般用于加工平光镜片、近视镜片、远视镜片，近几年还用于加工双光镜片。变色片既可以用于矫正视力，又可以用于制作太阳眼镜。

3）树脂

树脂又称光学塑料或光学树脂，它是一种高分子有机化合物。树脂片的最大优点是镜片不易破碎，即使破碎了，裂口没有玻璃片锋利，因此特别适合儿童、学生、体育工作人员、野外工作人员和驾驶人员使用。有的国家还专门规定上述人员必须配制树脂镜片。正是因为安全、轻巧的特性，树脂镜片如今已经基本取代了玻璃片。

### 2. 按用途分类

镜片按用途可以分为球面镜片、散光镜片（柱面镜片）、棱镜片和特殊镜片等。球面镜片分为平光镜片、近视镜片、远视镜片；特殊镜片分为双光镜片、多焦点镜片、渐进多焦点镜片、镀膜镜片、偏光镜片、验光镜片和接触镜镜片等。

## 二、天然材质镜架

制作镜架的天然材料有玳瑁壳、动物头角和特殊木材等。现在，玳瑁等一些动物已经被列为国家保护动物，因而有很多天然材质已经被禁用。

### 1. 玳瑁镜架

玳瑁镜架的优点是质轻、光泽优美，对皮肤无刺激，经久耐用。颜色有琥珀色、金黄色、亚黄色、灰黄色、棕斑色、棕红色、深斑色、乌云色八种，受中老年男性戴镜者的欢迎（图4-1-24）。现在，玳瑁是禁

图4-1-24　玳瑁镜架

止捕捉的动物，所以市面上该材料极少因而价格昂贵，所以玳瑁镜架极具保存价值。

### 2. 牛角镜架

牛角镜架无论从美学、医学及产品的耐用程度等角度来说，都是极具吸引力和市场竞争力的。

牛角镜架呈半透明状，色泽通透，细看可以看到天然的纹理，摸上去手感温润、厚实、非常舒适（图4-1-25）。另外，牛角是中医药材，具有凉血、解毒、滋阴、降血压、祛风寒等药用功效，所以长期戴牛角眼镜会有保健效果。

### 3. 特殊木材镜架

特殊木材镜架具有环保、健康和回归大自然的特点，符合人们追求绿色产品的

图4-1-25　牛角镜架

心态，其材料主要是檀木（图4-1-26）。国产檀木主要有金光檀、三广檀、山茶木、香樟木等；进口檀木主要有紫檀、黑檀、黄花梨、红酸枝、绿檀、黄檀等。檀木质地紧密坚硬、色彩绚丽多变、香气芬芳永恒，且百毒不侵，所以人们常常把它作为吉祥物，以保平安吉祥。一副精美的檀木镜架，因其坚硬的木质和美丽高贵的纹理，手感滑润细腻的特质，无疑是不可多得的艺术珍藏品。由于檀木产量有限，所以檀木镜架价格昂贵。

图4-1-26 特殊木材镜架

## 三、金属材质镜架

金属材料以其自然材质美、光泽感、肌理效果构成了金属框架最鲜明、最富感染力的特点，并且具有时代感的审美特征。同时给人的视觉、触觉带来直观的感受和强烈的冲击。黄金的辉煌、白银的高贵、青铜的凝重、不锈钢的亮丽……这些都是在不同色彩、肌理、质地和光泽中显示出来不同金属材质的审美个性与特征。

金属镜架的特点是：坚固、轻巧、美观，款式新颖，品种繁多。用于镜架的金属材料有铜合金、镍合金和贵金属三大类。其要求是具有一定的硬度、柔软性、弹性、耐磨性、耐腐蚀性，并且要求质轻、色泽好。因此，用来制作镜架的金属材料几乎都是合金。

### 1. 锌白铜（图4-1-27）

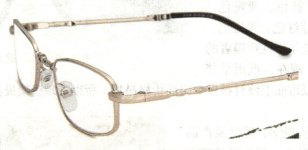

图4-1-27 锌白铜镜架

### 2. 黄铜（图4-1-28）

图4-1-28 黄铜镜架

## 3. 铜镍锌锡合金（图4-1-29）

图 4-1-29　铜镍锌锡合金镜架

## 4. 青铜（图4-1-30）

图 4-1-30　青铜镜架

## 5. 蒙耐尔合金（图4-1-31）

图 4-1-31　蒙耐尔合金镜架

## 6. 高镍合金（图4-1-32）

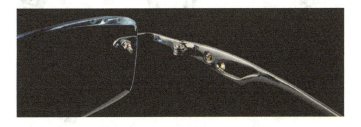

图 4-1-32　高镍合金镜架

## 7. 不锈钢（图 4-1-33）

图 4-1-33　不锈钢镜架

## 8. 钛（图 4-1-34）

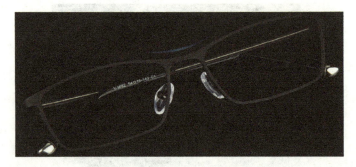

图 4-1-34　纯钛镜架

## 9. 金及其合金（图 4-1-35）

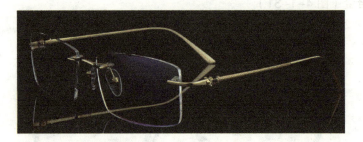

图 4-1-35　纯金镜架

## 10. 白金（图 4-1-36）

图 4-1-36　白金镜架

11. 铂及铂金族（图 4-1-37）

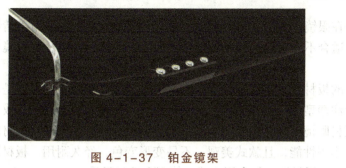

图 4-1-37　铂金镜架

12. 包金（图 4-1-38）

图 4-1-38　包金镜架

13. 铝合金（图 4-1-39）

图 4-1-39　铝合金镜架

14. 记忆金属（图 4-1-40）

图 4-1-40　记忆金属镜架

## 四、板材镜架

板材镜架在眼镜世界中，以其精美的形态、标新立异的独特审美情趣深受年轻人青睐，其色彩丰富，适合不同层次的爱好者选择。在当今的流行潮中，板材镜架已经是一道亮丽的风景线。

板材镜架的板材成分多数是醋酸纤维，也有少数高档镜架的成分是丙酸纤维。醋酸纤维的板材类分为注塑型和压制打磨型。注塑型顾名思义是用模具浇灌而成，但目前多数是压制打磨加工的板材眼镜。板材镜架的主要材质有板材和板材加钢皮。板材的质地较轻，与钢皮的结合加强了牢固性能，且款式美观，不易变形变色，经久耐用。板材镜架演绎时尚，更易于搭配服饰，融合板材厚重与金属质感，体现个性与风采。

**1. 复古的雷朋（图4-1-41）**

图4-1-41　雷朋板材镜架

**2. 浪漫时尚的香奈儿（图4-1-42）**

图4-1-42　香奈儿板材镜架

**3. 潮流个性的雅各布斯（图4-1-43）**

图4-1-43　雅各布斯板材镜架

# 第一章 眼镜的美

### 4. 像艺术品一样的——艾伦米克力（图4-1-44）

图4-1-44 艾伦米克力板材镜架

## 五、接触镜

近年来，出现了彩色接触镜，即美瞳隐形眼镜。它通过一定浓度颜色的镜片来"改变"虹膜的颜色，以达到增光、增大、增黑或者"改变"眼睛颜色等方面的效果，具有时尚、美容的作用。

美瞳隐形眼镜的颜色有黑色、棕色、巧克力色、蓝色、灰色、紫色、绿色等，如图4-1-45所示。不同颜色的隐形眼镜产生的效果各不相同。例如，黑色让眼睛显得更精神、更水灵，有水汪汪的泪眼效果，还显得眼睛又大又圆；棕色让眼睛显得更加靓丽；灰色让人瞬间"变成"混血儿；蓝色让人显得忧郁；绿色让人显得神秘、惊艳；紫色则让人显得洛丽塔。此外，还有一些颜色比较特别的隐形眼镜。例如，红色镜片，因为人眼少有红色，因此红色镜片会让人看起来较怪异。

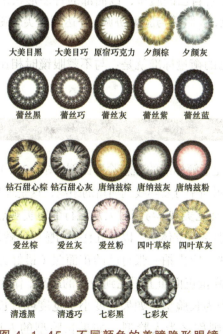

图4-1-45 不同颜色的美瞳隐形眼镜

# 第二章 眼镜选择的审美

眼镜能丰富人的表情，使人的生活更舒适、更方便，是进一步提高装饰性和机能美的一种装饰品。眼镜具有丰富表情的魔力，对于女性，它可以是最后一道化妆；对于男性，它可以表现出个性，是想表现自己风格不可欠缺的一件物品。

眼镜是具有魅力的非常方便的装饰物，它可以描绘一个人当时的心情，并改变其在他人心中的印象。例如，长着娃娃脸的人想让自己看起来成熟一些，就可以戴一副眼角位置上翘的眼镜；脸型比较尖的人想让自己看起来优雅一些，就可以戴一副圆形的眼镜；在平常，可以戴一副显得娇气可爱的眼镜；去参加展会时，可以戴一副棱角鲜明、个性十足的眼镜。在各种各样的场合，我们可以选择与场合相配的眼镜，营造出自己独特的气场。

眼镜不只与脸型有关系，还与服装、发型、首饰等都有着微妙的关系。不过，这些物件的颜色、设计风格一定要协调。

## 第一节 根据脸型选择眼镜

在选择眼镜时，先要了解自己的脸型，以面部的骨骼形状来选择眼镜的形状；再根据肤色来选择镜架和镜片的颜色，让眼镜与脸型协调，并达到完美；最后，综合全身各部分的特征，选择适合自己的眼镜。

一副眼镜是否适合自己的衡量标准就是：与不戴眼镜时相比，戴眼镜时更能彰显个性，并能平衡面部妆容。

### 一、脸型的正面特征

在了解自己的脸型前，先了解标准的理想脸型比例（图4-2-1）。发际线到眉头、眉头到鼻尖、鼻尖到下巴各占三分之一，眼睛平分发际线到嘴角的距离，这是理想的五官比例，俗称瓜子脸或鹅蛋脸。某种脸型是否让人感觉美观，与当时大众流行的审美观点密切相关。在现在这个时代，人们觉得鹅蛋脸、小脸型、脸部有立体感，以及五官平衡感好的就是标准的理想脸型。

要了解自己的脸型形状，应先拍一张自己的正面照（最好无刘海）。测量正面照上脸型的最宽处，作为脸的宽度；测量正面照上眉毛到下巴的距离，作为脸的长度。如图4-2-2所示。

如果长度大于宽度，则为长脸型；如果长度小于宽度或者长度等于宽度，则为宽脸型。如果长脸型的人比较胖，则称之为大脸型；如果长脸型的人比较瘦，则称之为长脸型；如果宽脸型的人比较胖，则称之为圆脸型；如果宽脸型的人比较瘦，则称之为小脸型。各种

第二章　眼镜选择的审美

脸型对比如图 4-2-3 所示。

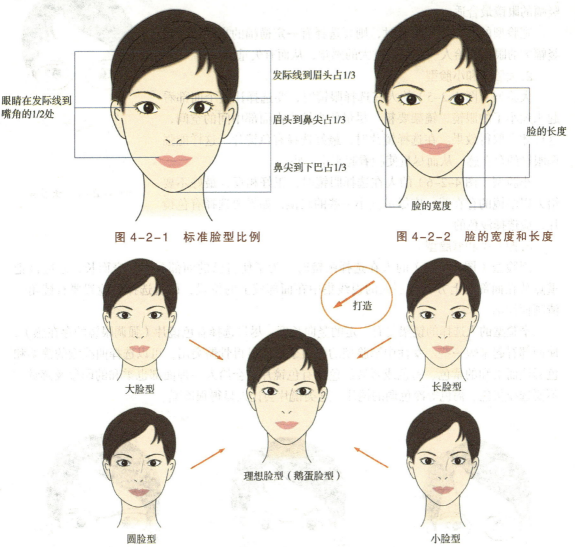

图 4-2-3　各种脸型对比

## 二、根据脸型的选镜原则

知道了理想的让人觉得美的标准脸型，也了解了自己的脸型后，重新审视我们选择眼镜的目的，那就是用眼镜修饰脸型，让原本不理想的脸型看起来趋向标准脸型。为了达到这一目的，根据脸型选镜的原则就是：

（1）选眼镜的时候首先要注意脸的长度，适合的镜框长度应该是从眉毛到下颌长度的三分之一以内，这就是镜框三分之一的竖幅法则。

（2）对于镜框的框型选择，应该视脸型的胖瘦而定。胖脸型的人应该选择直线型镜框，以便看起来脸瘦一些；瘦脸型的人应该选择曲线形镜框，以便看起来圆润一些。

### 1. 长脸型和宽脸型

长脸型（图 4-2-4）的人在选择眼镜时，要强调面部中的横线。如果眼镜的竖向幅度加长，脸型就会看起来相对短一些。也就是说，长脸型的人戴有一定长度竖幅的眼镜最合适。

宽脸型的人在选择眼镜时，则要选择有一定横幅的小眼镜，戴竖幅大的眼镜会给人一种眼镜过大的感觉，从而有失重感。

### 2. 大脸型和小脸型

大脸型（图4-2-5）的人在选择眼镜时，要选择让整个面部看起来缩小了的眼镜，镜架要粗。尽量使眼镜少占面部中间的空间，这样才会取得效果。在选择镜片时，最好选择有色镜片，这样能强调眼镜的存在感，从而尽量使脸看起来小一些。

小脸型（图4-2-6）的人在选择眼镜时，正好相反，最好不要给人以眼镜的存在感，应尽量戴小一些的眼镜，如果要选择有色镜片，应选择浅色的。

### 3. 圆脸型和窄脸型

圆脸型（图4-2-7）的人在选择眼镜时，为了使自己的面部看起来窄而长，就应该把重点放在面部的上方，将别人的视线集中在面部较上的位置，而且选择的镜架要有棱角、清晰而简洁。

窄脸型的人选择的镜架要有一定的竖向长度，尽量选择有色镜片（强调眼镜的存在感），使面部看起来短一些。女性中窄脸型的人由于瘦而显得骨骼突出，可以选择曲线型的镜架和色彩浅而柔和的紫色、粉色或者紫红色的有色镜片，会给人一种面部也柔和的印象及感觉。不要选择灰色、褐色等冷色调的镜片，这类镜片会让人显得很冷酷。

图 4-2-4　长脸型

图 4-2-5　大脸型　　　　　图 4-2-6　小脸型　　　　　图 4-2-7　圆脸型

总之，我们可以利用眼镜将脸型朝着理想的脸型去打造。

## 第二节　根据五官选择眼镜

人的五官组合千差万别，给人的印象也各不相同。其实，一些不完美的五官除了可以通过化妆来进行"改善"以外，还可以通过眼镜来"修正"。和化妆比较起来，戴眼镜更为便捷。

## 第二章 眼镜选择的审美

## 一、眉毛与眼镜

如图 4-2-8 所示,眉毛的形状分为三种:一字眉、弓形眉、柳叶眉。在选择眼镜时,应该根据不同的眉形选择不同形状的镜柱(镜架上缘的框型)。其原则是:镜架的上缘与眉形应该平行,而不能出现交叉。如图 4-2-9 所示,一字眉应该选择上缘较平的镜框;弓形眉应该选择上缘为弧形的镜框;柳叶眉应该选择上缘尾端向上略翘的镜框。如果违背了这个原则,则会出现不和谐的画面,如图 4-2-10 所示。

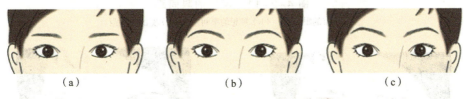

图 4-2-8 各种不同的眉形
(a)一字眉;(b)弓形眉;(c)柳叶眉

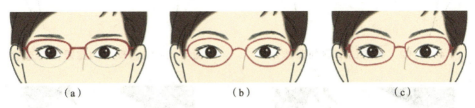

图 4-2-9 眉形与镜框的完美搭配
(a)一字眉;(b)弓形眉;(c)柳叶眉

图 4-2-10 眉形与镜框的不和谐搭配

在选择眼镜时,除了考虑眉毛的形状以外,还要考虑眉毛的浓淡。一般来说,眉毛较深、较粗的人应该尽量选择较细的、存在感较弱的镜框,因为太粗重的镜框会让人看起来有两条眉毛;眉毛较浅、较细的人应该选择较为粗重些的镜框,来弥补眉毛的不足。

## 二、眼间距与眼镜

眼间距是指两个内侧眼角之间的距离,理想的眼间距应该是一只眼睛的长度。如果眼间距小于一只眼睛的长度,则定性为窄的眼间距;如果眼间距大于一只眼睛的长度,则定性为宽的眼间距。不同的眼间距如图 4-2-11 所示。

根据不同的眼间距进行选镜的原则就是朝着理想的眼间距努力。所以,窄眼间距的人应该选择鼻梁长度短一些的、镜框整体宽度较小且外侧最好有设计亮点、内侧鼻梁不突出的镜框,把人的注意力吸引到外侧,如图 4-2-12 所示。宽眼间距的人应该选择鼻梁长度长一些的、镜框整体宽度较大且内侧最好有设计亮点、内侧鼻梁突出的镜框,把人的注意力吸引到内侧,如图 4-2-13 所示。如果选择反了,就会放大自身的不足,如图 4-2-14、图 4-2-15 所示。

## 第四篇　眼镜与美

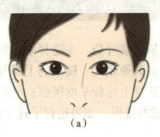 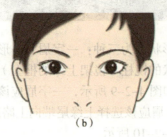 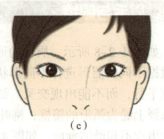

(a) (b) (c)

图 4-2-11　不同的眼间距

(a) 窄的眼间距；(b) 理想的眼间距；(c) 宽的眼间距

图 4-2-12　理想的窄眼间距选镜　　　图 4-2-13　理想的宽眼间距选镜

图 4-2-14　不理想的窄眼间距选镜　　　图 4-2-15　不理想的窄眼间距选镜

## 三、鼻形与选镜

鼻形包括鼻子的长度和鼻梁的高度，鼻子较长的人一般是长脸型的人，在选择眼镜时，最好选择镜框高度大一些的镜架，以便中和鼻子的长度；相反，鼻子较短的人一般是短脸型的人，最好选择镜框高度小一些的镜架，或者半框镜架。

鼻梁较低的人，可以选择鼻梁形状弯一些的镜架，以便增加鼻梁的视觉高度，如图 4-2-16 所示；而鼻梁较高的人，选择鼻梁形状平一些的镜架也没有问题，如图 4-2-17。

图 4-2-16　拱形鼻梁的镜架适合鼻梁较低的人　　　图 4-2-17　较平鼻梁的镜架适合鼻梁较高的人

# 第二章 眼镜选择的审美

## 第三节 根据颜色选择眼镜

### 一、关于颜色的基础知识

多样的颜色可以分成两个大类：无彩色和有彩色。

无彩色（图4-2-18）按照一定的变化规律可以排成一个系列，由白色渐变到浅灰、中灰、深灰到黑色，色度学上称此为黑白系列。黑白系列中由白到黑的变化，可以用一条垂直轴表示，一端为白，另一端为黑，中间有各种过渡的灰色。

有彩色（图4-2-19）的颜色具有三个基本特性：色相、纯度（也称彩度、饱和度）、明度。这在色彩学上也称为色彩的三大要素或色彩的三属性。色相（图4-2-20）是有彩色的最大特征，是区别各种不同色彩最准确的标准。所谓色相是指能够比较确切地表示某种颜色色别的名称。纯度（图4-2-21）指的是色彩的纯度，纯度越高，色彩表现得越鲜明，纯度较低，色彩表现得则越黯淡。当一种颜色掺入黑、白或其他彩色时，纯度就会产生变化。明度（图4-2-22）可以简单理解为颜色的亮度。不同的颜色具有不同的明度，明度在色彩三元素中可以不依赖其他性质而单独存在，任何色彩都可以还原成明度关系来考虑。

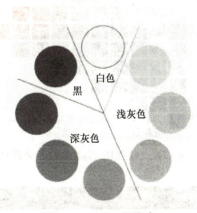

图4-2-18 无彩色

图4-2-19 有彩色

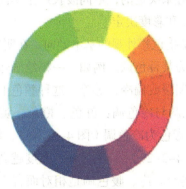

图4-2-20 颜色的色相

图4-2-21 颜色的纯度

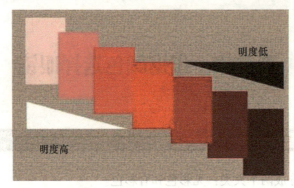

图 4-2-22 颜色的明度

有彩色的色相、明度和纯度是不可分割的三种属性，在应用时，必须同时考虑这三个因素。这三者之间的关系，如图 4-2-23 所示。彩度和明度是各种色相的两个维度，明度高的为明清色，明度低的为暗清色，彩度不高的中间色为浊色。红色的明度和彩度之间的关系，如图 4-2-24 所示。

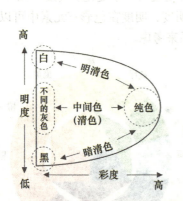

图 4-2-23 色相的明度和彩度之间的关系

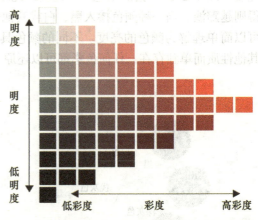

图 4-2-24 红色的明度和彩度之间的关系

## 二、颜色的特征与效果

色调是指物体反射的光线中是以哪种波长占优势来决定的，不同波长产生不同颜色的感觉。色调是颜色的重要的特征，一般是由颜色的明度和彩度决定。

色调是对事物或者作品整体颜色的概括评价，是指色彩外观的基本倾向。在明度、纯度、色相这三个要素中，某种因素起主导作用，就称之为某种色调。例如，一幅绘画作品虽然有多种颜色，但总体有一种倾向，是偏蓝或偏红，是偏暖或偏冷，等等。这种颜色上的倾向就是这幅绘画作品的色调。色调在冷暖方面分为暖色调与冷色调：红色、橙色、黄色为暖色调（图 4-2-25），象征太阳、火焰；绿色、蓝色、青色为冷色调（图 4-2-26），象征森林、大海、蓝天；灰色、紫色、白色则为中间色调（图 4-2-27）。冷色调的亮度越高，其整体感觉越偏暖；暖色调的亮度越高，其整体感觉越偏冷。冷、暖色调是相对而言。例如，在红色系中，大红色与玫红色在一起的时候，大红色就是暖色调，而玫红色就被看作冷色调。又如，玫红色与紫罗兰色同时出现时，玫红色就是暖色调。暖色一般给人膨胀感；而冷色调一般给人收缩感。

图 4-2-25　暖色调

图 4-2-26　冷色调

图 4-2-27　中性色

不同的色调给人的感觉不同。例如，饱和度很高的纯色，颜色比较鲜艳，非常容易引人注意，给人华贵的感觉；明度较高的明清色，颜色比较明亮，给人梦幻、甜美或者健康、活泼的感觉；含灰色较多的浊色给人沉着、稳重或者古朴、沉闷的感觉；含有较多黑色的暗清色给人厚重、传统的印象。不同色彩的特性与适合的人群如表 4-2-1 所示。

表 4-2-1　不同色彩的特性与适合的人群

| 色彩特性 | 色相 | 无彩色 | 明度 | 色调 | 适合人群 |
| --- | --- | --- | --- | --- | --- |
| 膨胀色（前进色） | 红（暖色） | 白 | 高明度 | 亮色（浅色） | 偏瘦；<br>眼窝深邃（上眼睑凹陷）；<br>血色不好；<br>高度近视 |
| 收缩色（后退色） | 青（冷色） | 黑 | 低明度 | 暗色（深色） | 偏胖；<br>眼窝突出（上眼睑浮肿）；<br>血色太红润；<br>高度远视 |

## 三、色彩搭配原理

以色相为基础的配色是以色相环（图 4-2-28）为基础进行考虑的。用色相环上位置接近的、类似的颜色进行配色，可以得到稳定而统一的感觉；用距离远的互补颜色进行配色，可以达到一定的对比效果。

类似色相的配色，能表现共同的配色印象。这种配色在色相上既有共性又有变化，是很容易取得配色平衡的手法。例如，黄色、橙黄色、橙色的组合；蓝色、蓝紫色、红紫色的组合。同一色相与类似色相的配色容易产生单调的感觉，所以不妨搭配使用互补色调的配色手法。

## 第四篇 眼镜与美

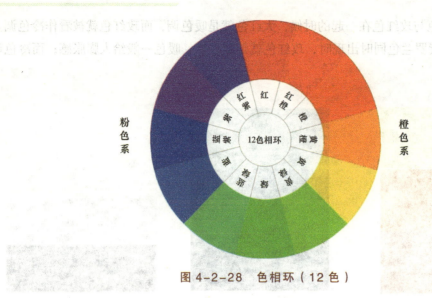

图 4-2-28 色相环（12 色）

不同色相的配色印象如表 4-2-2 所示。

表 4-2-2 不同色相的配色印象

| 配色 | 同一色相 | 类似色相 | 互补色相 |
| --- | --- | --- | --- |
| 图例 |  |  |  |
| 印象 | 沉静、稳重、高端、和谐 | 舒适、亲切、容易搭配 | 动感、个性、不易搭配 |
| 适用场合 | 正式场合 | 居家、商务 | 运动、休闲 |

## 四、根据肤色与妆容选择眼镜

　　人的肤色分为粉色系和橙色系，皮肤白皙属于粉色系，肌肤为小麦色则属于橙色系。了解了肤色、腮红、睫毛膏和口红的颜色后，再来确定镜片和镜架的颜色会更好。一般的搭配原则为：镜片的颜色和眼部的妆容颜色重叠，两者的颜色一定要协调。整体的感觉除了要能给人健康的印象外，还要给人一种明快感，这才是完美的搭配。

　　妆容与镜片、镜架的搭配如表 4-2-3 所示。

## 第二章 眼镜选择的审美

表 4-2-3 妆容与镜片、镜架的搭配

| 肤色 | | 粉色系 | 橙色系 |
|---|---|---|---|
| 图例 | | (粉色系化妆品图) | (橙色系化妆品图) |
| 妆容 | 面颊 | 紫色、绛红色、蓝色、灰色、粉色 | 绿色、褐色、黄色、橙色 |
| | 眼影 | 淡红色、粉色、玫瑰红 | 橙色、深红色、褐色 |
| | 口红 | 紫色、蓝色、灰色 | 绿色、棕褐色、黄色 |
| 镜片 | | 银色、黑色、白色、混合色（银色和金色） | 金色、黑色、混合色（银色和金色） |

　　有些戴镜者为了美观、舒适，喜欢镜片带有颜色。目前，市场中染色树脂镜片的染色种类非常多（图 4-2-29），人们在选择染色镜片时往往不知道应该如何选择。其实，好的染色镜片的颜色一定是根据色彩学理论和不同年龄的肤色变化而研制的，戴上该颜色的镜片后，戴镜者的肌肤应该看起来更透明、更靓丽，面部更立体、生动，体现的是健康美和自然美。如果所戴眼镜的颜色与自身的妆容搭配得不好，那么就达不到戴染色镜片的目的了。一般来说，粉色系肤色的人可以选择紫色、绛红色、蓝色、灰色、粉色等有色镜片，如图 4-2-30 所示；橙色系肤色的人则可以选择绿色、褐色、黄色等有色镜片，如图 4-2-31 所示。只有这样，才能通过眼镜使肤色显得更加明丽。

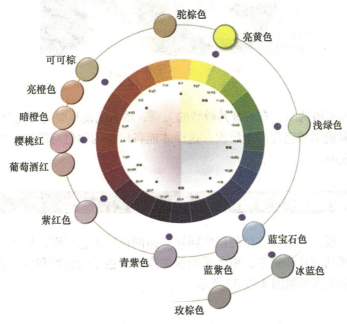

图 4-2-29　市场中某品牌的染色镜片

## 第四篇 眼镜与美

图 4-2-30　粉色系妆容

图 4-2-31　橙色系妆容

　　口红的颜色与眼镜的颜色有着极其微妙的关系，戴有色镜片时，要充分考虑口红的颜色。口红的颜色应比眼镜的颜色深一个层次，这样才能将口红的颜色与眼镜的颜色相调和，使人的面部看起来更靓丽。

### 五、根据服装的颜色选择眼镜

　　与妆容相同，服装与眼镜颜色的搭配同样遵循同色系配色原则，粉色系的服饰搭配粉色系的妆容和粉色系的镜片和镜架；橙色系的服饰搭配橙色系的妆容和橙色系的镜片和镜架。服饰、妆容与眼镜的搭配如图 4-2-32 所示。

第二章　眼镜选择的审美

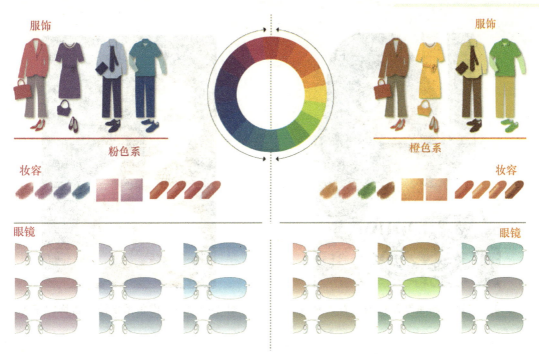

图 4-2-32　服饰、妆容与眼镜的搭配

## 第四节　根据饰品选择眼镜

　　女士的饰品一般包括项链、手链、耳环、戒指等首饰，也包括丝巾、手包或背包；男士的饰品除了手表、戒指、腰带扣等带有金属的物件之外，还有领带。一般而言，镜框的颜色与材质要与项链、手表、戒指、耳环、腰带扣等搭配与协调，镜片的颜色要与丝巾、服装、提包、领带等协调。它们仍然遵循同一色相和类似色相的搭配原则，如图 4-2-33，图 4-2-34，图 4-2-35 所示。饰品的材质与眼镜的材质应尽量一致。如果佩戴金属类的饰品较多，镜架最好也选择金属材质；如果佩戴的主要饰品是木质的，那么镜架也最好选择板材框或者木质框。

图 4-2-33　粉色系饰品与橙色系饰品的搭配

117

图 4-2-34　粉色系眼镜与首饰的搭配　　　　图 4-2-35　橙色系眼镜与首饰的搭配

首饰的颜色、材质与眼镜的搭配如表 4-2-4 所示。

表 4-2-4　不同服装色相下饰品与眼镜的颜色搭配

| 服装色相 | 粉色系 | 橙色系 |
| --- | --- | --- |
| 首饰 | 银色、黑色、白色、混合（银色与金色） | 金色、黑色、混合（银色和金色） |
| 手表和腰带扣 | 银色、黑色、白色、混合（银色与金色） | 金色、黑色、混合（银色和金色） |
| 皮质的手表带和腰带 | 黑色、白色、灰色 | 咖啡色、棕色、黄色 |
| 镜架 | 银色、黑色、白色、混合（银色与金色） | 金色、黑色、混合（银色和金色） |
| 镜片 | 粉色、紫色、蓝色 | 绿色、茶色、黄色 |

## 第五节　根据场合选择眼镜

工作、娱乐、家庭丰富了女性的生活，有些女性会在不同的场合选择戴不同的眼镜，给人一种懂得审美而高雅的感觉。

例如，选择一个粗框的眼镜，便选择了一份个性与随意；选择一个细框的眼镜，便选择了一份高雅和庄重。至于选择不同颜色的眼镜，它们会因为戴镜者所处的时间、场所、场合和所处立场的不同，又会很微妙地左右其个性。结合不同的目的选择合适的眼镜，会增加戴镜者自身的魅力。

开座谈会时，应选择显得大方、沉稳的无色镜片眼镜；参加宴会或者婚礼时，选择有色镜片会显得很时尚；参加久违的同学聚会时，为了使自己显得年轻，应该选择色调

第二章　眼镜选择的审美

明亮的镜片；和朋友逛街购物时，可以选择深色框的生活型眼镜。女性在各种不同的场合，都可以选择适当的不同的眼镜，给别人留下的各个印象就构成了自身的整体形象，如图4-2-36~图4-2-39所示。

图4-2-36　商务场合时戴的眼镜

图4-2-37　居家休闲时戴的眼镜

图4-2-38　休闲运动时戴的眼镜

图4-2-39　出席宴会或在正式场合时戴的眼镜

　　男性的风格与女性相比应突出冒险性、干练性，其独特魅力的提高幅度也比女性大，利用眼镜的多姿多彩，男性可以自由发挥自己的魅力来精彩生活。一般来说，男性应准备在以下几种场合戴的眼镜。

　　在家时，可以戴无色的，或者浅色的有色镜片的眼镜，镜架的线条要柔和，这样会给孩子一种亲切、温和的父亲形象。在谈业务时，可以戴一副无色的或者浅色的有色镜片的眼镜，镜架的款式设计要朴素。在礼节性的会谈上，如果与对手所处的地位相同，就可以通过眼镜自由发挥自己个性；如果需要对对方予以谦让，可以戴一副朴素一些的眼镜。在参加宴会时，可以选择色调明亮的镜片和能给人一种高级感的镜架，眼镜的总体要协调、质量要上乘。在工作中，要体现的是精明强干，所以不能选择太过花哨的眼镜，而是应该选择经典方形金属镜架。在运动时，最好选择变色镜片，同时要质轻、安全性高的，以树脂镜片为好。在休闲时，可以戴彰显自己个性的眼镜，让人觉得更加有品位。根据不同的时间、场所、场合和所处立场，选择合适自己的眼镜，可以更好地展现自己的风格与魅力，如图4-2-40~图4-2-43所示。

图 4-2-40　在商务场合时戴的眼镜　　　　图 4-2-41　居家休闲时戴的眼镜

图 4-2-42　休闲运动时戴的眼镜　　　　图 4-2-43　出席宴会或在正式场合时戴的眼镜

除此之外，还应准备旅行时用的颜色深的太阳眼镜、休息日外出时用的轻便眼镜。

## 第六节　根据年龄选择眼镜

当今时代的流行方式，已经在人的面部体现出来了。人人都在用有魅力的物品装饰自己，然而，戴上一副漂亮、合适的眼镜会显得非常独特而有个性。中老年人在选择眼镜时首要考虑的是实用，他们尤其注意眼部的遮掩，以便掩饰岁月的痕迹，所以常常选择深色的镜片和能与服装相配的眼镜，然而他们的选择常常不合时宜。例如，一副眼镜自始至终陪伴自己出入所有场合，导致好不容易选择的眼镜也无法令其生辉；有的老人认为有单焦点老视镜能用于看书就够用了，可是，如果出外购物或者吃饭时戴一副漂亮的眼镜，选择兼顾能看远、看近的渐进多焦点镜片与漂亮的镜架组合，就会既不容易看出自己有老视，又能给人一种更年轻的感觉。善于把握眼镜带来的视觉效果，就会给别人留下得体、美好的印象，如图 4-2-44 所示。

年轻人在选择眼镜时更多考虑的是凸显个性以及时下的流行风，有时不遵守搭配原则也没有问题。例如，一个面部轮廓比较小的女孩子戴一副时下流行的大框架眼镜，给人一种"萌"的印象；有的年轻人戴一副设计独特的眼镜，表达一种"酷酷"的感觉，如图 4-2-45 所示。

第二章　眼镜选择的审美

　　　（a）　　　　　　　　　　（b）　　　　　　　　　　（c）

图 4-2-44　用复合搭配原则选镜

（a）红色眼镜衣与红色元素的上衣；（b）橙色眼镜与黄色毛衣；（c）深蓝色眼镜与蓝色的衣服

　　　（a）　　　　　　　　　　（b）　　　　　　　　　　（c）

图 4-2-45　年轻人的另类眼镜装扮

（a）复古大框眼镜；（b）戴非常男性化的眼镜；（c）圆形大框眼镜

　　人们随着年龄的增长，逐渐形成了自己的风格和品位，戴眼镜也不例外。如今，中年人选镜越来越趋向于经典的款型和搭配，能体现戴镜者的高贵、优雅或者随性、简单等，如图 4-2-46 所示。年龄较大的人士，不要有自己老了、不适合的颜色等固有观念，在保持自己风格的同时，应勇于尝试，发现更适合自己的眼镜，这也是保持年轻的一个秘诀。

　　　（a）　　　　　　　　　　（b）　　　　　　　　　　（c）

图 4-2-46　中年人士的戴镜风格

（a）优雅；（b）知性；（c）干练

# 第五篇
# 眼镜从业者的职业素养

## 第2章

## 期货交易者的期货业素养

# 第一章 眼镜从业者的职业道德

职业道德是社会道德在职业生活中的具体化,是与人们的职业活动紧密联系的符合职业特点所要求的道德准则、道德情操与道德品质的总和。职业道德不仅是眼镜从业者在职业活动中的行为标准和要求,而且是本行业对社会所承担的责任和义务。敬业不仅是勤勤恳恳忠于本职工作,更应该是对本职工作的道德遵守。社会的文明程度越高,一个行业发展得越成熟,就越重视职业道德的建设。

## 第一节 眼镜从业者职业道德建设的意义

### 一、眼镜行业的职业道德

职业是伴随劳动分工的深化而产生和发展起来的。职业分工是一种由生产力决定的生产关系和社会组织形式,它主要是一种经济型和专业技术型的社会分工,其目的是通过专业化来提高效率,创造更全面的社会效益,以满足经济、政治、文化发展的需要。任何时代、任何社会的道德因受民族文化传统的影响而表现出特有的民族性。在我国,由于受传统文化的影响,人们的道德观无不深深打上了儒家思想的烙印。例如,从政有"官德",治学有"学德",为师有"师德",行医有"医德",经商有"商德",执法有"法德",等等。在当今这样一个普遍职业化分工的时代,由于在职业活动中职业工作者的个人利益、集体利益和社会利益具有一致性,并且每个职业者都具有平等的劳动互助关系,不同职业之间都具有相互服务关系,因而形成了人人都是服务对象、人人都为他人服务的社会基本关系。

眼镜行业是现代经济的组成部分。随着文明的进步,人们对眼睛保健的认识不断深化,重视程度逐步提升,对眼镜行业的要求也在不断提高。眼镜行业是一个特殊的服务行业,对人们的生活、学习、工作诸方面影响很大,这在客观上要求眼镜从业者具有良好的职业道德。

应该看到,眼镜行业职业道德属于社会道德范畴,它不是由国家行政强制制定和强制执行的,主要依靠眼镜行业眼镜从业者的信念、习惯及行业的文化传统来自觉遵守。当然,还要靠社会的舆论力量和职业教育来维持。因此,在一定意义上来说,职业道德的约束作用比法律、纪律等手段更为经常且强大有效。在目前特定的社会历史背景下,眼镜行业职业道德的基本范畴主要是:爱岗敬业,遵纪守法,诚实守信,业务优良,服务顾客,奉献社会。

(1)热爱本职工作,对本职工作要有高度的事业心和责任感。从勤动脑、多思考、摸实情、办实事、创实绩上下功夫,兢兢业业,对工作精益求精。

（2）遵纪守法，严于律己，廉洁奉公，敢于同各种违法违规的行为作斗争。

（3）诚实守信，在市场经济条件下，面对激烈的竞争形势，必须诚实守信，恪尽职守，按规程办事，树立良好的个人形象和集体形象。这是市场经济中的无形资产，也是做人之本，更是竞争中的立身之本。

（4）要做到业务优良。要刻苦学习现代眼镜行业知识、现代市场经济知识、现代科技知识、现代法律知识，努力提高眼镜行业业务水平，提高眼镜行业服务质量，以过硬的技能为客户提供周到、快捷、高效的服务。

（5）必须有强烈的服务意识。这是眼镜行业职业道德的核心内容。在眼镜行业中，无论从事哪一种职业都是为他人服务的。

（6）必须有奉献社会的精神。眼镜行业职业的社会性质和地位，集中体现着社会关系的三大要素：责、权、利。职业道德是以责、权、利的统一为基础，以协调个人、集体、社会的关系为核心的职业行为准则和规范系统。从本质上讲，作为社会的一员，其权利和义务是统一的。这是由个体和社会这二重性决定的。人人皆有权利，人人皆有义务。也就是说，作为社会的一员，一方面对社会要承担一定的责任和贡献，另一方面从社会中又得到对个人的尊重和满足。权利和义务是共生的，没有无权利的义务，也没有无义务的权利。一个人如果不承担对社会的责任和奉献，他就不可能得到社会对他的尊重与满足。眼镜行业支持和服务社会是其义不容辞的职责和义务。

## 二、眼镜从业者加强职业道德修养的必要性

眼镜行业是一个特殊的行业，就现在面临的情况而言，加强职业道德建设任重道远。目前，眼镜行业系统职业道德建设存在的突出问题是：有些从业者责任心不强，团队意识差；有些从业者的思想观念、知识结构和业务素质不适应现代眼镜行业和现代管理的需要；有些从业者缺乏敬业精神，服务意识差，业务不求上进，行为不守规章；有些从业者追名逐利，甚至造假欺诈，违法违纪，参与眼镜行业犯罪，败坏眼镜行业队伍形象，损害眼镜行业机构信誉，严重影响了眼镜行业健康有序的发展形势。

在对待职业道德修养问题上，不少人存在着一些模糊的、错误的认识。因此，充分认识职业道德修养，不仅是培养职业道德的首要环节，也是扫除一切思想障碍，努力提高职业道德修养自觉性，促进眼镜行业全面健康发展的迫切需要。所谓职业道德修养，是指个人在职业活动中自觉按照职业道德原则、规范和理想进行自我教育、自我改造和自我锻炼的过程，并由此形成的职业道德境界。

请看一个媒体曝光的案例：

某天，有一名老年消费者去某著名眼镜公司的一家加盟店验配老视镜。验光师在验光过程中，不断向其推荐渐进多焦点镜片。在得知该验光师所推荐的渐进多焦点镜片价格上千元后，一向节俭的老人无法承受，在验光完毕后配了一副普通的老视镜。回到家后，老人发现戴新配的老视镜看书没有问题，但是上网看新闻时，却无法看清电脑屏幕上的字，而以前摔坏的那副眼镜则没有这种现象。于是，老人再次来到眼镜店找到为她验光的验光师询问缘由。验光师解释说，如果要想看清楚电脑屏幕上的字，就必须配一副渐进多焦点镜片。老人犹豫再三，还是因为价格高就放弃了。这位消费者的儿子道出了自己的疑惑：为什么母亲在1年前配的那副老视镜上网看新闻没有问题，而这次去配镜因没有接受那位验光师极力推荐的价

## 第一章　眼镜从业者的职业道德

值1000多元的渐进多焦点镜片就无法看清屏幕上的文字呢？因而怀疑其中有消费欺诈！

该事件被媒体曝光后，引发了眼镜从业者的热烈讨论。虽然绝大多数验光师都忠于自己的职责，坚守验光师的职业道德，但大家都认为这位验光师的做法有悖其职业道德，并对这种极个别的恶劣现象进行了抨击。

验光师是眼镜店里不可或缺的核心人员，验光师的职业道德往往关系到眼镜店的声誉成败。首先，验光师要提高自己的职业价值观，以为顾客带来视觉健康为天职。虽然眼镜行业是半医半商的行业，但验光师从事的就是"医"的职责。"医者父母心"，验光师的工作也更强调要多一份爱心。一份事业一份心，一份职业一份责任。

其次，作为一名验光师，还应当热爱自己的工作，明白自己的工作会给顾客带来什么，对待每一个顾客的验光，要有高度的责任心，宁可让顾客多试戴几次，也不要过度依赖自己的经验做出判断。也许自己的一个小小的失误，就会为顾客的眼睛带来不舒适。作为验光师，要有对顾客一视同仁的态度，要有对待顾客的高度责任心，要对自己的每一次验光多一份耐心，还要有敢于承担错误的勇气。

再次，眼镜事业是一项充满了光明前景和专业性很强的行业，对于能给配镜者带来舒适光明的验光师们而言更是责任重大。验光师所要具备的基本职业道德，除了要热爱自己的本职工作以外，还要不断地提高自己的验光水平，用过硬的专业技术给戴镜者一个清晰的"视界"。验光师要懂得尊敬同行，共同维护行业形象，要坚定地做一个守住职业道德的文明验光师，确保眼镜行业和谐稳定地发展。

作为眼镜零售企业核心人物的验光师，如果缺乏职业道德，既不利于眼镜零售行业的健康发展，也不利于配镜者屈光不正的矫治。分析极少数验光师为什么缺乏职业道德的原因，可以分为以下两个方面。

### 1. 外部环境

从外部环境来看，一是道德价值的困惑；二是道德行为选择的两难性；三是道德调控的失效；四是反道德行为的盛行。

### 2. 内部原因

从内部原因来讲，归纳起来大概有三个方面：第一，有些眼镜零售店本末倒置。眼镜店的专业技术是核心竞争力，为消费者验配合格舒适的眼镜是眼镜零售店验光师的根本职责。但现在有些零售店却把利润放在第一位，给验光师下指标、搞提成，这样的考核办法必然使验光师的工作要以营利为目的，一味地向顾客推荐高价产品，甚至以对方是否接受自己的推荐而影响服务质量。第二，验光师的职业道德建设跟不上。有的眼镜企业只重视业务经营，而忽视了对员工的职业道德教育；有的眼镜从业者根本不知道法纪的规定，不懂得职业道德的规范，有的虽然知道，却没有形成自律，明知故犯，甚至铤而走险。很多企业的职业道德建设只是停留在口头上、纸面上，没有深入验光师的心中，在实际执行过程中又缺乏相应的约束机制，导致一小部分验光师缺乏职业道德，从而滋生出欺骗顾客的现象，造成了眼镜从业者和眼镜行业的信任危机。第三，一些验光师不能正确对待与顾客的关系，在出现问题时总是推卸责任，从而导致验光师与顾客之间产生抵触情绪，极不利于自身的经营与发展，如果处理不当，极易引起矛盾的激化，造成社会的不和谐。如果说科技以人为本，那么验光师职业就要以良心为准，恪守职业道德！验光师职业道德的规范以及形象的塑造，会直接影响到顾客对零售企业的信任程度，进而影响到眼镜从业者、眼镜企业乃至整个眼镜行业事业健康、高效、可持续地发展。

## 第二节 眼镜从业者加强职业道德修养的途径

职业道德修养主要是指劳动者在职业道德意识、职业道德行为和职业道德品质方面的自我教育、自我修养。眼镜从业者加强职业道德修养应从职业道德认识修养、职业道德情感修养、职业道德意志修养、职业道德行为修养等方面下功夫。

### 一、提高认识，增强职业道德修养的自觉性

#### 1. 加强职业道德修养，是眼镜从业者自我完善的需要

只有不断提高职业道德修养，才能将外在的职业道德要求转化为眼镜从业者内在的深刻信念，进而将这种内在信念转化为实际的道德行为，自觉改造、主动锻炼、反复认识、反复实践、不断追求、不断完善，形成较稳固的职业道德情操和职业道德信念，达到较高的职业道德境界。因此，职业道德修养，是广大眼镜从业者自我实现、自我完善、全面发展的客观尺度和必经之路。

#### 2. 加强职业道德修养，是眼镜从业者个人事业成功的重要保证

人的一生有二分之一的时间是在职业生涯中度过的。事业是否成功是人生能否成功的重要标志，而良好的职业道德修养则决定了一个人事业能否成功的关键。

（1）职业道德修养水平的高低，直接决定了眼镜从业者本职工作完成的质量。眼镜从业者能否胜任并出色地完成本职工作，与一定的外部条件和自身的知识、能力、经历、水平等有关，也与眼镜从业者的职业道德修养有关。现实生活中存在德才畸形发展的现象，即"有德无才"和"有才无德"等。有的人在职业活动中，往往会自觉或不自觉地做出损公肥私、损人利己、违反职业道德和职业纪律的事情，甚至走向犯罪的深渊，断送自己的前程。

（2）眼镜从业者只有注重职业道德修养，并且达到一定道德境界，才能充分认识到本职工作对社会、个人及家庭的意义，才会产生强烈的事业心、责任感、使命感，自觉把本职工作同人民幸福、国家兴旺联系起来，严于律己，恪尽职守，以出色的工作造福人类社会，即使在平凡的岗位上也能做出不平凡的业绩。

#### 3. 加强职业道德修养，能够促进行业的兴旺发达

眼镜行业有特定的服务对象和服务内容，需要在尊重和满足服务对象利益和要求中得到发展。眼镜行业的职业道德状况，是通过眼镜从业者职业道德修养程度表现出来的。因此，眼镜从业者加强职业道德修养，是形成眼镜行业形象、体现眼镜行业服务质量、维护眼镜行业道德信誉、促进本行业兴旺发达必不可少的前提条件。

#### 4. 加强职业道德修养，能够促进人际关系的和谐和良好社会风尚的形成

在社会转型期，各种思想鱼龙混杂，拜金主义、享乐主义、个人主义还有一定的市场，个别眼镜从业者为了金钱不讲道德、不择手段、违法乱纪、铤而走险、害人害己的现象时有发生。因此，眼镜从业者只有加强职业道德修养，树立起"我为人人，人人为我"的意识，在公平合理的基础上，提高服务质量，保证人们心情舒畅、友好相待，构建和谐的人际关系，促使社会风尚得到良性发展。

5. 加强职业道德修养，从某种意义上讲，决定着社会职业道德水平的高低，也决定着眼镜从业者所能达到的道德境界

眼镜从业者只有加强职业道德修养，清除与社会道德要求相违背的道德观念和行为习惯，自觉抵制一切腐朽落后的道德观念侵蚀，才能使眼镜行业和谐、有序、可持续地发展。

## 二、加强职业道德情感、意志和行为的培养，形成良好的职业道德习惯

职业道德情感的修养包括正义感、责任感、良心感、荣誉感的自我激发和培养。职业道德情感修养是眼镜从业者进行职业道德修养的重要内容。加强职业道德情感修养，对于协调眼镜行业职业道德关系，创造良好的职业道德气氛，促使眼镜从业者自觉遵守眼镜行业职业道德规范，履行职业道德义务，养成高尚职业道德品质，具有十分重要的意义。

眼镜从业者在履行职业道德责任义务过程中，所表现出来的克服困难的力量和毅力，就是职业道德意志的修养。它是眼镜从业者职业行为持之以恒的精神力量，也是道德观内化并形成良好道德品质的重要因素。

眼镜行业职业道德行为是指眼镜从业者在一定的职业道德认识、情感、意志支配下所采取的自觉行为。它是衡量眼镜从业者职业道德水平高低、职业道德品质好坏的客观标志。衡量眼镜从业者是否具备高尚的职业道德品质，关键就是看他是否能自觉地把职业道德原则和规范贯彻落实到自己职业道德实践中去，是否能做到知行统一、言行一致。

加强职业道德行为修养，是指眼镜从业者自觉地把自己的道德认识和道德情感转化为坚强的道德意志，并在这种意志的支配下，踏踏实实地工作，保持高度的自觉性，逐步形成良好的职业道德习惯。

职业道德行为修养，还必须与职业技能的培养紧密结合。只有具备了良好的职业技能，才能使眼镜从业者的职业道德认识、情感、意志有用武之地，才能转化为具体的职业道德行为，并使这种行为得到充分展现，取得良好效果。如果仅仅具有履行职业道德责任、义务、执行职业道德、义务、执行职业道德原则、规范的良好愿望，却缺乏必要的职业技能去实现这一愿望，那么，职业道德的履行就成了一句空话。

职业道德行为的养成，必须依靠眼镜从业者自觉自愿的努力，也离不开职业技能的培养与提高。随着眼镜行业的发展，伦理道德和社会风尚问题日益突出。适应市场经济要求，构建既反映我国优秀文化传统，又体现现代文明的眼镜行业职业道德体系和职业道德规范，是我国眼镜行业发展的迫切需要。眼镜从业者应充分认识到职业道德在行业发展中的重要地位，积极参与眼镜行业道德建设，不断探索眼镜行业职业道德修养的新内容、新途径、新方法，努力提高职业道德修养水平，真正把自己培养成为合格的眼镜从业者。

## 三、从自身做起，树立眼镜从业者的良好职业形象

### 1. 摆正"道义"和"利益"的关系

由于市场经济带来的一系列变化，价值观取向多元化导致一小部分眼镜从业者的道德观念悄然发生变化，对个人物质利益追求的现象日趋凸显。眼镜从业者如果把个人的目标锁定在"金钱确定价值"，就会在验光工作中自觉或不自觉地将技术、人格像商品一样等价交换，追逐物质利益，最终丧失自我，误入歧途。因此，眼镜从业者必须树立正确的人生观和价值

## 第五篇　眼镜从业者的职业素养

观，摆正"道义"和"利益"的关系。随着社会进步和经济的发展，视光学逐渐受到人们重视，人们更加注重生活质量的提高，以顾客为中心的服务理念也对眼镜从业者提出了更新的、更高的要求。眼镜从业者如果不具备"以人为本"的人文观念，与顾客缺乏细致、耐心的交流与沟通，验光草草了事，就无法为顾客验配出舒适合格的眼镜，就难以真正解决患者屈光不正的问题。

### 2. 钻研技术，精益求精

精益求精是眼镜从业者职业道德的重要内容。如今，随着视光学的发展，新理论、新技术不断涌现，迫切要求眼镜从业者要有刻苦钻研的精神，及时了解视光知识的发展动态，把握吸收新理论、新技术，尽可能掌握更多与视光有关的新学科知识。只有做到博学多才，创造性地将知识应用于实践工作中，才能更好地为顾客服务。当今视光学的发展已突破传统的模式，因此眼镜从业者也应该适应模式的转变，更新知识，拓宽知识面，学习如心理学、社会学、伦理学、美学、行为学等人文科学知识并有机地运用到临床实践中，更好地为屈光不正患者服务。

### 3. 诚信为本，健全约束机制

讲诚信不仅是市场经济的黄金规则，也是眼镜从业者的职业道德要求。在市场经济条件下，眼镜从业者参与企业的销售，不仅有助于企业销售工作的成功，也会为顾客带来适合自己的眼镜产品。但有些眼镜从业者受利益的驱使，价值观念发生变化，在面对私利时不能用职业道德很好地约束自己的行为，做出了一些有悖职业道德的事情。在这种情况下，需要用有效的制度和相关的法规对眼镜从业者的行为规范进行约束。

# 第二章 眼镜从业者的职业素养

## 第一节 职业素养的内涵

### 一、什么是职业素养

职业素养是指职业内在的规范和要求，是在职业过程中表现出来的综合品质，包含职业道德、职业技能、职业行为、职业作风和职业意识等方面。职业素养是人类在社会活动中需要遵守的行为规范。个体行为的总和构成了自身的职业素养，职业素养是内涵，个体行为是外在表象。职业素养包含四个方面：职业道德、职业思想（意识）、职业行为习惯、职业技能。职业道德是职业素养中最重要的部分，前文已有详细讨论；职业思想（意识）和职业行为习惯是职业素养中最根基的部分；职业技能是支撑职业人生的表象内容。

任何一家眼镜企业，无论规模大小，无论是生产企业还是零售企业，员工的职业素质和职业行为规范的程度，都左右着企业管理成本，直接影响企业运转的效率，甚至决定着企业的存亡。诚实、敬业是一个具有良好职业素养的员工应具备的基本品质。

很多业界人士认为，职业素养至少包含两个重要因素：敬业精神及合作的态度。敬业精神就是在工作中要将自己视为企业的一部分，不管做什么工作一定要做到最好，发挥出实力，对于一些细小的错误一定要及时地更正，敬业不仅仅是吃苦耐劳，更重要的是"用心"去做好自己的每一项工作。合作的态度是职业素养的核心，是决定事业成败的关键因素。

### 二、眼镜从业者职业素养的构成

西方管理学家把职业素养的内容概括成"素质冰山"理论。

"素质冰山"理论认为，个体的素质就像水中漂浮的一座冰山（图5-2-1），水上部分的知识、技能等职业技能仅代表表层的特征，这些是通过学习、培训比较容易获得的。例如，计算机、英语、建筑等属职业技能范畴的技能，可以在相对较短的时间内通过集中培训的形式掌握，并在实践运用中日渐精通；水下部分的动机、品质、态度等就是职业思想（意识）和职业行为习惯，它们属于世界观、价值观、人生观的范畴，从出生到成长或至退休逐步形成，逐渐完善。这是决定人的行为的关键因素。

# 第五篇 眼镜从业者的职业素养

图 5-2-1 素质冰山

同样，眼镜从业者的职业素养也可以看成一座冰山。冰山浮在水面以上的只有 1/8，它代表眼镜从业者的形象、资质、知识、职业行为和职业技能等方面，是人们看得见的、显性的职业素养，这些可以通过各种学历证书、职业证书来证明，或者通过专业考试来验证。冰山隐藏在水面以下的部分占整体的 7/8，它代表眼镜从业者的职业意识、职业道德、职业作风和职业态度等方面，是人们看不见的、隐性的职业素养。显性职业素养和隐性职业素养共同构成了所应具备的全部职业素养。由此可见，大部分的职业素养是人们看不见的，但正是这 7/8 的隐性职业素养决定、支撑着外在的显性职业素养。显性职业素养是隐性职业素养的外在表现。因此，眼镜从业者职业素养的培养应该着眼于整座"冰山"，并以培养显性职业素养为基础，重点培养隐性职业素养。

## 第二节 眼镜从业者职业素养的培养与自我培养

### 一、眼镜从业者提升职业素养的必要性

职业素养是一个人职业生涯成败的关键因素。

目前，很多眼镜企业表示招聘不到满意人才，主要是由于找不到具备良好职业素养的应聘者。可见，眼镜企业已经有意无意地把职业素养当成了评价求职者的重要指标。如睛姿眼镜公司在招聘新员工时，要综合考察求职者在五个方面的素质：专业素质、职业素养、协作能力、心理素质和身体素质。其中，身体素质是最基本的素质，好身体是工作的物质基础；职业素养、协作能力和心理素质是最重要的和必需的素质；专业素质则是锦上添花的素质。

职业素养可以通过个体在工作中的行为来表现，而这些行为是以个体的知识、技能、价值观、态度、意志等为基础的。良好的职业素养是个人事业成功的基础，是应聘者进入企业的"金钥匙"。

## 二、社会资源与眼镜从业者职业素养的培养

眼镜从业者职业素养的培养需要社会各行业、各方面共同努力，营造一个培养、学习的大环境。很多企业都想把应聘者直接投入"使用"，却发现这很困难。企业界也逐渐认识到，要想获得较高职业素养的应聘者，尤其是高素质的专门人才，企业就应该参与到眼镜从业者的培养中来。政府、行业企业、培训机构及相关职业院校可以通过以下方式来进行：

（1）企业与学校联合培养眼镜从业者，提供实习基地以及科研实验基地。

（2）企业家、专业人士走进高校，直接提供实践知识、宣传企业文化。

（3）完善社会培训机制，并走入高校和企业，对眼镜从业者进行专业的职业培训以及职业素质拓展训练等。

## 三、眼镜企业对眼镜从业者的职业素养培养

为了树立良好的企业文化，提高眼镜从业者的职业素养，企业应该从以下几个方面着手进行员工的职业素养培养：

（1）将眼镜从业者职业素养的培养纳入眼镜从业者培养的系统工程，培养眼镜从业者了解职业与社会的关系、学习与职业的关系、自己与职业的关系。全面培养眼镜从业者的显性职业素养和隐性职业素养，并把隐性职业素养的培养作为重点。

（2）成立相关的内训职能部门，主导眼镜从业者职业素养的培养，开设相应的课程，及时向眼镜从业者提供职业教育和实际的职业指导。

（3）眼镜行业企业的人力资源部门应深入了解被培养者的需要，改进培训方法，提升眼镜从业者对专业学习的兴趣，满足被培养者的求知需求，尽可能向被培养者提供正确、新颖的专业技能信息。

## 四、眼镜从业者的自我培养

作为职业素养培养主体的眼镜从业者，更应该学会自我培养。

### 1. 要培养职业意识

雷恩·吉尔森说："一个人花在影响自己未来命运的工作选择上的精力，竟比花在购买穿了一年就会扔掉的衣服上的心思要少得多，这是一件多么奇怪的事情，尤其是当他未来的幸福和富足要全部依赖于这份工作时。"很多高中毕业生在跨进大学校门时认为自己已经完成了学习任务，可以在大学里尽情地"享受"了。这正是他们在就业时感到压力的根源。

在眼镜行业里，有几乎60%以上眼镜从业者对未来职业没有规划。据最近完成的一项眼镜从业者心理健康状况调查显示，75%的眼镜从业者认为压力主要来源于社会就业；50%的眼镜从业者对于自己将来的发展前途感到迷茫，没有目标；41.7%的眼镜从业者表示目前没考虑太多；只有8.3%的人对自己的未来有明确的目标并且充满信心。

培养职业意识就是要对自己的未来有规划。因此，每个眼镜从业者应明确我是一个什么样的人？我将来想做什么？我能做什么？环境能支持我做什么？着重解决每一个问题，就是

认识自己的个性特征（包括自己的气质、性格和能力），以及自己的个性倾向（包括兴趣、动机、需要、价值观等）。据此来确定自己的个性是否与理想的职业相符；对自己的优势和不足有一个比较客观的认识，结合环境（如市场需要、社会资源等）确定自己的发展方向和行业选择范围，明确职业发展目标。

2．配合企业的培养任务，完成知识、技能等显性职业素养的培养

职业行为和职业技能等显性职业素养比较容易通过教育和培训获得。学校、各专业培训机构和企业内训等的培养方案是针对社会需要和行业需要所制订的。它们旨在使被培养者获得系统化的基础知识及专业知识，加强被培养者对专业的认知和知识的运用，并使被培养者获得学习能力、形成学习习惯。因此，眼镜从业者应该积极配合培养计划，认真完成学习任务，尽可能利用各种培训资源，作为现在和将来职业需要的储备。

3．有意识地培养职业道德、职业态度、职业作风等方面的隐性素养

隐性职业素养是眼镜从业者职业素养的核心内容。核心职业素养体现在很多方面，如独立性、责任心、敬业精神、团队意识、职业操守等。事实表明，很多眼镜从业者在这些方面存在不足，缺乏独立性、会抢风头、不愿下基层吃苦等表现容易断送眼镜从业者的前程。如今，很多工作在一线的眼镜从业者生长在"6+1"的独生子女家庭，因此在独立性、承担责任、与人分享等方面做得不够好，他们往往爱出风头、容易"受伤"。因此，眼镜从业者应该有意识地在日常的学习和生活中主动培养独立性，学会分享、感恩、勇于承担责任，不要把错误和责任都归咎于他人。自己摔倒了不能怪路不好，要先检讨自己，承认自己的错误和不足。

总之，眼镜从业者职业素养的自我培养应该加强自我修养，在思想、情操、意志、体魄等方面进行自我锻炼。同时，还要培养良好的心理素质，增强应对压力和挫折的能力，善于从逆境中寻找转机。

## 第三节 眼镜从业者的工匠精神

### 一、工匠精神的内涵

工匠精神，是指工匠对自己的产品精雕细琢，精益求精、更完美的精神理念。工匠们喜欢不断雕琢自己的产品，不断改善自己的工艺，享受产品在双手中升华的过程。工匠们对细节有很高的要求，追求完美和极致，对精品有着执着的坚持和追求，把品质从0提高到1，其利虽微，却长久造福于世。工匠精神是社会文明进步的重要尺度，是中国制作前行的精神源泉，是企业竞争发展的品牌资本，是员工个人成长的道德指引。"工匠精神"就是追求卓越的创造精神、精益求精的品质精神、用户至上的服务精神。其精神内涵就是：敬业、精益、专注、创新。

**1. 敬业**

敬业是从业者基于对职业的敬畏和热爱而产生的一种全身心投入的认认真真、尽职尽责的职业精神状态。中华民族历来有"敬业乐群""忠于职守"的传统，敬业是中国人的传统美德，也是当今社会主义核心价值观的基本要求之一。早在春秋时期，孔子就主张人在一生

中始终要"执事敬""事思敬""修己以敬"。"执事敬",是指行事要严肃认真不怠慢;"事思敬",是指临事要专心致志不懈怠;"修己以敬",是指加强自身修养保持恭敬谦逊的态度。

### 2. 精益

精益就是精益求精,是从业者对每件产品、每道工序都凝神聚力、精益求精、追求极致的职业品质。所谓精益求精,是指已经做得很好了,还要求做得更好,"即使做一颗螺丝钉也要做到最好"。正如老子所说,"天下大事,必作于细"。能基业长青的企业,无不是精益求精才获得成功的。

### 3. 专注

专注就是内心笃定而着眼于细节的耐心、执着、坚持的精神,这是一切"大国工匠"所必须具备的精神特质。从中外实践经验来看,工匠精神都意味着一种执着,即一种几十年如一日的坚持与韧性。"术业有专攻",一旦选定行业,就一门心思扎根下去,心无旁骛,在一个细分产品上不断积累优势,在各自领域成为"领头羊"。在中国早就有"艺痴者技必良"的说法,如《庄子》中记载的游刃有余的"庖丁解牛"、《核舟记》中记载的奇巧匠人王叔远等。

### 4. 创新

"工匠精神"还包括追求突破、追求革新的创新内蕴。古往今来,热衷于创新和发明的工匠们一直是世界科技进步的重要推动力量。新中国成立初期,我国涌现出一大批优秀的工匠,如倪志福、郝建秀等,他们为社会主义建设事业做出了突出贡献。改革开放以来,"汉字激光照排系统之父"王选、"中国第一、全球第二的充电电池制作商"王传福、从事高铁研制生产的铁路工人和从事特高压、智能电网研究运行的电力工人等都是"工匠精神"的优秀传承者,他们让中国创新重新影响了世界。

## 二、眼镜从业者应该具备的工匠精神

工匠精神落在个人层面,就是一种认真精神、敬业精神。其核心是:不仅仅把工作当作赚钱的工具,而是树立起对职业敬畏、对工作执着、对产品负责的态度,极度注重细节,不断追求完美和极致,给客户无可挑剔的体验。同时,将一丝不苟、精益求精的工匠精神融入每一个环节,做出能打动人心的一流产品。与工匠精神相对的,则是"差不多"精神——满足于90%,差不多就行了,而不追求100%。我国制作业存在大而不强、产品档次整体不高、自主创新能力较弱等现象,与工匠精神缺失、"差不多"精神显现有关。

作为眼镜从业者都知道,瞳距的测量、眼镜的装配都是以毫米来进行计算的。所以,眼镜的验配和制作在很大程度上依赖眼镜从业者的手艺,也就是学到的验配技能。如果我们配制出来的眼镜要达到高品质,就必须追求精益求精。如果在眼镜装配时,瞳距出现了偏差,就会导致棱镜效应,戴镜者就会戴得不舒服。所以,在眼镜验配方面,我们一定不能有"差不多"心理。我们一定要有追求完美的、精益求精的价值观,才能验配好每一副眼镜。另外,我们应该在熟练掌握验配技能的基础上追求创新,提高生产效率或者提高产品品质,只有不断地创新才能让古老的技艺推陈出新,焕发新的生命力,才能不断传承。目前,一些眼镜新产品、新工艺的出现就是工匠大师们在对原来技艺的基础上不断钻研的结果。

## 第四节　优秀眼镜从业者必备的职业素养与具体体现

### 一、优秀眼镜从业者必备的职业素养

#### 1. 像匠人一样专注

要想成为一流的员工，就不能只是停留在"为了工作而工作、单纯为了赚钱而工作"的层面上。而是要有明确的目标，专注地把事情做到尽善尽美。只有这样，才能实现自己的职场梦想与远大抱负，而不是这山看着那山高地频繁跳槽。如果一个人把每副眼镜都做到精益求精，让顾客满意，那么这个人在顾客心目当中就是大师，在同行心目中就是专家，他也就是企业的核心人才，就能获得更大的职业舞台。

#### 2. 学会迅速适应环境

在就业形势越来越严峻、竞争越来越激烈的当今社会，不能够迅速适应环境已经成了个人素质中的一块短板，这也是无法顺利工作的一种表现。相反，善于适应环境却是一种能力的象征，具备这种能力的人，手中也握有了一个可以纵横职场的筹码。不适应者将会被社会淘汰。善于适应是一种能力，适应有时不啻一场严峻的考验，要学会做职场中的"变色龙"，随时适应环境的改变。

#### 3. 化工作压力为动力

压力，是工作中的一种常态，对待压力，不可回避，要以积极的态度去疏导、去化解，并将压力转化为自己前进的动力。人们最出色的工作往往是在高压的情况下做出的，思想上的压力，甚至肉体上的痛苦都可能成为取得巨大成就的兴奋剂。只要积极起来，没有什么压力不能化解。

#### 4. 善于表现自己

在职场中，默默无闻是一种缺乏竞争力的表现。那些善于表现自己的员工，往往能够获得更多的自我展示机会。那些善于表现自己的员工是最具竞争力的员工，他们往往能够迅速脱颖而出。人要善于表现才有竞争力，要把握一切能够表现自己的机会。但是，善于表现绝不是刻意表现。

#### 5. 低调做人，高调做事

工作中，学会低调做人，你将一次比一次稳健；善于高调做事，你将一次比一次优秀。在"低调做人"中修炼自己，在"高调做事"中展示自己，这种恰到好处的低调与高调，可以说是一种进可攻、退可守，看似平淡、实则高深的处世谋略。

#### 6. 设立工作目标，按计划执行

在工作中，首先应该明确地了解自己想要什么，然后再去全力追求。一个人如果没有明确的目标，就像船没有罗盘一样。每一份富有成效的工作，都需要明确的目标去指引。缺乏明确目标的人，其工作必将庸庸碌碌。坚定而明确的目标是专注工作的一个重要原则。目标是一道分水岭，会区分庸者与英才。工作前应该先把目标设定好，但应确立有效的工作目标，否则，目标多了就像没有目标一样。

## 第二章　眼镜从业者的职业素养

#### 7. 做一个时间管理高手

时间对每一个职场人士都是公平的，每个人都拥有相同的时间。但是在同样的时间内，有的人表现平平，有的人却能取得卓著的工作业绩。造成这种反差的根源在于每个人对时间的管理与使用效率上存在巨大差别。因此，要想在职场中具备不凡的竞争能力，应该先将自己培养成一个时间管理高手。谁善于管理时间，谁就能成为职场的赢家。

#### 8. 自动自发，主动就是提高效率

自动自发的员工，善于随时准备把握机会，永远保持率先主动的精神，并能展现超乎他人要求的工作表现。他们向头脑中时刻灌输着"主动就是效率，主动、主动、再主动"的工作理念，他们还拥有"为了完成任务，能够打破一切常规"的魄力与判断力。显然，这类员工才能在职场中笑到最后。在职场，不要仅做上级交代的工作，工作没有"分外事"，不是"要我做"，而是"我要做"。

#### 9. 服从第一

服从上级的指令是员工的天职，"无条件服从"是沃尔玛集团要求每一位员工都必须奉行的行为准则，强化员工对上司指派的任务都必须无条件地服从。在企业组织中，没有服从就没有一切。所谓的创造性、主观能动性等都在服从的基础上才能够产生。否则，再好的构想也无从得以推广。那些懂得无条件服从的员工，才能得到企业的认可与重用。多从上级的角度去考虑问题，像士兵那样去服从，切不可断章取义，有意无意地擅自歪曲、更改上级决定的实质。

#### 10. 勇于承担责任

德国大众汽车公司认为："没有人能够想当然地'保有'一份好工作，而要靠自己的责任感去争取一份好工作！"没有比员工的责任心所产生的力量更能使企业具有竞争力的了。显然，那些具有强烈责任感的员工才能在职场中具备更强的竞争力！

## 二、眼镜从业者职业修养体现的具体细节

#### 1. 眼镜从业者的个人空间

一线工作室要干净整洁，不能杂乱。设备要尽量整齐摆放，保持清洁。墙壁上可以多张贴一些专业的图片和眼睛保健知识。

#### 2. 眼镜从业者的服务态度

如果一线工作的眼镜从业者热情而且面带笑容、说话语气温和，顾客就会产生亲切感，消除紧张，乐于与之交流。反之，如果眼镜从业者面无表情、爱理不理，顾客就会很不高兴，甚至会让小孩子产生恐惧感，拒绝配合。所以，眼镜从业者要对顾客保持有礼有节的热情态度，要把顾客当朋友，这样顾客才会配合验光工作。

#### 3. 眼镜从业者的仪表

眼镜从业者的职业是个技术含量很高的职业，差不多可以算是半个医生。所以，很多眼镜从业者喜欢穿白大褂，让顾客产生信任感，这样做的效果也不错。当然，要是能戴上一副眼镜，就更能凸显气质。双手要保持清洁干净，并剪短指甲。如果顾客看到的眼镜从业者精力充沛、穿着打扮干净整洁，他们更容易产生信任感，放心地验光。如果外表脏乱，顾客难以对其信任。

### 4. 验光时间要充足

验光的时间要长一些，过程要完整一些，不能因为有的顾客度数较简单就草草了事。特别是一些家长，对孩子的眼睛很重视，如果验光时间过短，往往认为验光师对孩子很不负责，难免生气。所以，眼镜从业者的耐心很重要，不管是复杂还是简单的光度，一定要耐心细致地逐步检查，这样才能让顾客放心。

### 5. 多和顾客交流

在验光过程中，在进行每一个项目检查前，最好向顾客说明这是在检查什么内容，让顾客了解清楚。一方面，顾客了解后，就会主动配合；另一方面，顾客更相信眼镜从业者的专业水平。

### 6. 多向顾客讲解眼睛的保健知识

顾客由于眼睛看不清，肯定会有很多问题想了解，例如，我的眼睛度数会不会越来越高，有什么方法能够控制，屈光手术到底好不好，等等。眼镜从业者就应该用丰富的知识对顾客提出的种种问题进行解答，并做到百问不厌。

注重工作中的细节，对提升眼镜从业者在顾客心目中的形象很有帮助。当然，最重要的还是眼镜从业者本身的专业技术水平。以专业技术为主，个人形象为辅，刻苦钻研专业技术，努力提高技术水平，培养良好的职业道德，努力把顾客的眼睛矫正到最清晰最舒适，才是眼镜从业者的目标。

# 参考文献

[1] 赵孟江.中国眼镜历史与收藏[M].成都：四川美术出版社，2004.
[2] 瞿佳.眼镜学[M].北京：人民卫生出版社，2004.
[3] 瞿佳.眼镜技术[M].北京：高等教育出版社，2005.
[4] 徐广第.眼科屈光学[M].北京：军事医学科学出版社，2005.
[5] 吕帆.接触镜学[M].北京：人民卫生出版社，2011.
[6] 王志坚.古老宝石——水晶[M].北京：气象出版社，1998.
[7] 杨建辉.眼镜美学[M].郑州：郑州大学出版社，2011.
[8] 吕帆.角膜接触镜学[M].北京：人民卫生出版社，2004.
[9] 陈浩.角膜接触镜验配技术[M].北京：高等教育出版社，2005.
[10] 刘亚丽.解读眼镜行业的发展与未来[J].中国眼镜科技杂志，2011，（3）：68-69.
[11] 瞿鸿彬.古代眼镜诗赏析[J].中国眼镜科技杂志，2000，（3）：40.